石井誠治著

都会の木の花図鑑

八坂書房

はじめに

二一世紀は環境の世紀といわれています。私たちは、周囲の身近な自然環境にどのように目を向けているのでしょうか。

高度経済成長の時代を支えてこられた世代の方々にとって、幼い頃の身近な環境は、都会にあっても自然度の高い豊かなものだったかもしれません。全国各地で都市化が進むにつれて、いつの間にか身近にあったはずの森や林は住宅や団地に変わり、広場や空き地はきれいに整備され、小川のせせらぎも暗渠となって姿を隠してしまいました。植物の生育する場所も限られ、目にする種類もめっきり少なくなってきているようです。いまや、全国どこであっても、都会で暮らす人々にとっての身近な自然は人が管理しなければならない環境であるといえるでしょう。

都会で暮らす私たちは、遠くまで出かけていかなければ自然に触れることはできなくなってしまったのでしょうか。

身近な自然の表面的な姿は変わってしまいましたが、自然の営みが周囲から消えてなくなってしまったわけではありません。森や林が消えても、庭や公園、街路やわずかに残された空間に植えられた植物たちは元気に花を咲かせ、年ごとに季節の移ろいを教えてくれています。人が植え管理しなくてはならない植物や外来の園芸種が主役となっていても、それらを中心にした昆虫や鳥、土のなかの微生物の世界は確実に生きているのです。意識して周囲の自然を見つめ体験をつめば、自ずと身近な環境が多くの生き物たちを育む場として十分に機能していることに気づくことでしょう。

体験を積む近道は、周囲の自然に目を向ける気持ちです。身近に生えている木を、じっくり観察したことはありますか。葉を手で触れてみると、細かい毛を感じたり、すべすべしていたりして予想と違うことがあります。目で見ているだけではわからない体験を増やすことが木への興味を引き立てます。同じ種類の木が並んでいる街路樹でも、樹形は一本いっぽん違っています。木の存在に気付くことが身近な自然を意識する近道なのです。

木には虫も付きます。実のなる木もあります。虫や実を求めて鳥もやってくるのです。鳥が実を食べて種子を散布するタイプの木は、周囲にいつの間にか生えてきます。小さな木の芽生えや周囲の木が目に止まるようになれば、散歩が楽しくなります。

『都会の木の花図鑑』は、散歩を楽しくするアイテムとして利用してください。この図鑑は、都会で生活する人たちが目にする機会の多い樹木を選んで解説しているからです。日本に自生する野生種だけでなく、明治時代以後移入された外来種や園芸樹木も取り上げており、この図鑑一冊持って都会の公園を散策されても、植えられている樹木がわかるように工夫をしています。

科名で分けてあるのは、少し樹木が分かってきたときに便利だからです。[*] 樹木の配置も花の特徴が似ているものは見開きページで比べ易くしてあります。各ページの写真を眺めて印象を持っていると、どこかで見た木が記憶のある写真と重なれば、その木に親しみが湧いてきて記憶に残ります。名前は無理に覚えても忘れますが、映像と重なった記憶は残るものです。

この図鑑が身近な自然と付き合うきっかけになってくれることを期待しています。

＊近年採用されはじめたＤＮＡ解析による新分類体系に従えば、必ずしも形の似たものが同じ科になるとは限りませんが、本書では馴染みのあるこれまでの分類を踏襲し、科に変更があった樹木については［　］内に新しい科名を併記しました。

目次

・ここでは本巻に見出しとして掲げた植物名を、収録順に、科ごとにまとめて示した。
・別名や古名、解説文中に出てくる植物名などを含めた総索引は巻末を参照されたい。

都会の木の花図鑑

ヒトツバタゴ（ナンジャモンジャ）の木

ホオノキ　落葉高木。高さ30m径1mほど。葉は互生、長さ20-40㎝幅10-25㎝。花は径15㎝ほど。果実は長さ10-15㎝。写真：右＝花時、左上＝花、左下＝果実時

ホオノキ

朴の木／別名ホオガシワ・ホオガシワノキ

モクレン科

Magnolia obovata

全国の山地に自生し、単葉では日本で最大級の葉をつける。葉は枝先に互生するが、葉と葉の間が詰まっているため、輪生または掌状複葉に見える。花も日本では最大級で、自家受粉を避けるために開花一日目は雌しべが開き、二日目以降は雄しべが開く。

冬芽を包む芽鱗には毛がない。材はくるいが少なく細工物や彫刻材、版木などに使われる。朴葉味噌、朴葉寿司、朴葉焼きなどこの葉を使う料理は多く、昔から食べ物を盛ったり包んだりするのに使われてきた。この葉で包むと特有の風味が出る。ホオの名は包に由来し食べ物を包むことを意味している。

◇**分布**　南千島・北海道～九州
◇**よく見る場所**　落葉樹の林内
◇**花の時期**　5～6月、香りがある
◇**果実の時期**　10～11月、褐色に熟す

タイサンボク　常緑高木。高さ20mほど。葉は互生、長さ10-23㎝幅4-10㎝。花は径15-25㎝。果実は長さ8-12㎝。写真：上＝花時、右下＝果実時、左下＝花

タイサンボク

泰山木・大盞木・大山木
モクレン科
Magnoria grandiflora

北アメリカ東南部原産で明治初期に渡来した。泰山木の漢字を当てることが多い。ホウノキと近縁で花や実は大変よく似ている。太平洋を隔てているが昔は同じ祖先から分化したことを思わせる。同じように北アメリカ原産のユリノキと中国のシナユリノキもよく似ている。モクレンの仲間は花の構造も、初期の被子植物の様子を今に伝える。化石でも白亜紀から第三紀にかけて似た種類が出土し、起源の古い植物である。

大きな葉はクチクラ層が発達し光沢があって、潮風や乾燥害から身を守る戦略が見える。葉裏の褐色の毛は耐寒性がある証だ。

◇**由来**　北アメリカ東南部原産
◇**よく見る場所**　公園・庭園・庭
◇**花の時期**　5～6月、香りがある
◇**果実の時期**　11月、褐色に熟す

シデコブシ　落葉亜高木。高さ5mほど。葉は互生、長さ5-10㎝幅1-3㎝。花は径7-12㎝。果実は長さ3-7㎝。写真：右＝花時、左上＝花、左下＝蕾時

シデコブシ

幣拳・四手拳／別名ヒメコブシ

モクレン科

Magnoria sellata

シデコブシの名は多数の花弁が垂れ下がる様を神社で見られる四手にたとえたもの。自生が愛知県周辺に限られ絶滅が危惧（きぐ）されている。二〇〇五年に開催された愛地球博会場周辺の日当たりのよい湿地の周囲に多く見られる。コブシに比べて花弁が多く、萼片（がくへん）も合わせると12〜18枚ほどあり、淡い紅色を帯びるものもある。高木にならず、花も美しいので庭木にされる。

別名ヒメコブシは園芸種でより紅色の濃い品種を呼ぶ。葉が出る前に「枯れ木に花の賑わい」となり、華やかな雰囲気が漂う。世界中で人気の花木になっている。

◇分布　本州（中部地方南西部）
◇よく見る場所　公園・庭園
◇花の時期　3〜4月、香りがある
◇果実の時期　9〜10月、褐色に熟す

コブシ　落葉高木。高さ15m径50㎝ほど。葉は互生、長さ6-15㎝幅3-6㎝。花は径7-10㎝。果実は長さ7-10㎝。写真：上＝花時、右下＝裂開した果実、左下＝果実時

コブシ

辛夷・拳／別名ヤマアララギ（山蘭）・コブシハジカミ
モクレン科
Magnoria praecocissima

全国の山野に自生しサクラより先に白い花を咲かせるので、春を告げる木とされる。葉を開く前に花をつけるので、満開になると木全体が白く見える。北国ではこの花を目印に農作業を始めるため「田打ち桜」、「芋植え花」などと呼ばれた。花の下に小さな葉をつけているのが特徴。材は建築材や器具材にされ、街路樹や公園樹、庭木にも多い。蕾（つぼみ）を干して頭痛薬にした。果実は秋に成熟すると袋が裂けて、赤い種（たね）が糸を引いてぶら下がる。冬芽は毛むくじゃらの芽鱗（がりん）に包まれ、毛皮のコートを着ているように見える。コブシの名は果実の形が子どもの握り拳に似るから。

◇**分布**　北海道〜九州、朝鮮
◇**よく見る場所**　公園・庭園・街路樹
◇**花の時期**　4月頃、香りがある
◇**果実の時期**　9〜10月、褐色に熟す

ハクモクレン　落葉高木。高さ5-15m径50cmほど。葉は互生、長さ8-18cm幅4-10cm。花は径10cmほど。果実は長さ10cmほど。写真：右＝花時、左上＝葉（上は裏・下は表）、左下＝蕾

ハクモクレン

白木蓮・白木蘭・玉蘭
モクレン科
Magnoria heptapeta

中国で古くから栽培されていた園芸種。白く大きな花を木全体に咲かせ、大きなものは高さ15ｍを超える。花つきはいいが実はあまりならない。実生からではなかなか花が咲かないので、コブシの台木に接木して殖やす。

春先、葉を展開する前に咲く大きな花は、萼（がく）3枚と花弁6枚がほぼ同形で9枚に見える。葉は大きくなり、先端が短く突き出る。花芽は2枚の厚手の芽鱗（がりん）に包まれ毛皮のコートを着ているようだが、冬早めに脱いでしまうと絹毛のセーターを着た蕾（つぼみ）が現れる。開花のとき日当たりのよい側の花弁が早く伸びるため、花の先端が北を向くように見える。

◇**由来**　中国東部原産
◇**よく見る場所**　公園・庭園
◇**花の時期**　3～4月、香りがある
◇**果実の時期**　9～10月、褐色に熟す

モクレン　落葉亜高木。高さ3-4mほど。葉は互生、長さ8-18㎝幅4-10㎝。花は長さ10㎝ほど。果実は長さ7-10㎝。写真：右上＝トウモクレン、右下＝サラサモクレン、左＝モクレンの花時

モクレン

木蓮・木蘭／別名シモクレン（紫木蓮）
モクレン科
Magnoria quinquepeta

一般にモクレンといえば本種のことで、花が暗紫紅色なのでシモクレン（紫木蓮）とも呼ばれる。

幹の根元からひこばえが出ることが多く、株立ちになることもある。葉はコブシの葉を少し大きくした形で全体が波打つが、大きさ以外ではコブシと区別しにくい。果実は秋に成熟すると袋が裂けて、赤い種(たね)が糸を引いてぶら下がる。古くから庭や寺社によく植えられていて、立派な古木も残っている。モクレンの名は漢名「木蓮」に由来する。花弁の内側の色が薄いトウモクレンを初め、多くの雑種や園芸品種がつくられている。

◇**由来**　中国中部原産
◇**よく見る場所**　公園・庭園・庭・寺院
◇**花の時期**　3～4月、少し香りがある
◇**果実の時期**　10月、淡褐色に熟す

カラタネオガタマ　常緑低木。高さ3-5m。葉は互生、長さ7-10㎝幅3-4㎝。花は径2-2.5㎝。果実は長さ2-3.5㎝。写真：右上＝花時、右下＝蕾時、左＝花のつくり（S. Watari）

カラタネオガタマ

唐種小賀玉／別名トウオガタマ（唐小賀玉）
モクレン科
Michelia figo

トウオガタマともいう。唐（中国）の国のオガタマ（招霊）という意味で日本に自生するオガタマと区別するためにこの名がある。花の香りはバナナエッセンスに似ていて、湿度の高い日によく香り遠くまで風に乗ってとどく。開花期は4月中頃から梅雨時までと長い。一つの花では香りが強い日は1～2日だが、次々に開花する。園芸種の例にもれず花は咲けども実はならない傾向がある。カラタネの由来は実がならないことにもよるのだろうか。花から香油を精製し香料を採る。花は「含笑」という生薬になり、消化不良や鼻炎に用いる。

◇**由来**　中国原産
◇**よく見る場所**　公園・庭園・庭
◇**花の時期**　4～6月、強いバナナ様の香りがある
◇**果実の時期**　10～11月、赤褐色に熟す

ユリノキ　落葉高木。高さ20mほどときに40m以上。葉は互生、長さ10-15㎝。花は径5-6㎝。果実は長さ6-8㎝ほど。写真：右上＝花時、右下＝果実時、左＝紅葉

ユリノキ

百合の木／別名ハンテンボク（半纏木）・チューリップツリー
モクレン科
Liriodendron tulipifera

北アメリカ東南部に自生があり、明治初年に渡来した。初期のものが新宿御苑に植えられていて、御苑でいちばん高い木に育っている。新宿御苑の木から挿し木苗をつくり、街路樹として全国に送り出した。四谷迎賓館（げいひんかん）前のユリノキ並木も新宿御苑の苗木による。年数を重ねて街路樹としては大きくなりすぎ、剪定（せんてい）で樹勢も衰えてきている。花は緑黄色のチューリップ形で花弁にオレンジのラインが入る。このラインから甘い蜜が出る。都会のカラスが蜜の場所を知り、花時に嘴（くちばし）で突くため花が落ちる。木の下に花が落ちていたらオレンジの部分をなめてみよう。

◇**由来**　北アメリカ東南部〜中部原産
◇**よく見る場所**　公園・街路
◇**花の時期**　5〜6月、香りがある
◇**果実の時期**　10〜11月、褐色に熟す

ロウバイ　落葉低木。高さ2-4m径3-6㎝ほど。葉は対生、長さ10-20㎝。花は径2㎝ほど。果実は長さ3.5㎝ほど。写真：右上＝花時、右下＝ソシンロウバイ、左上＝ロウバイの果実、左下＝同じく葉

ロウバイ

蠟梅／別名カラウメ（唐梅）
ロウバイ科
Chimonanthus praecox

蠟梅と書く。蠟細工のような花の感じをよく表している。中国中部の原産で一七世紀初めに朝鮮半島経由で渡来した。花は厳冬期から咲き始めて香りがよい。これは原産地が温暖で冬でも虫がいることを物語る。在来の植物が寒さに耐えている時期に開花するため好んで植えられた。天気がよければ冬を成虫で越す昆虫がくるため結実する。種（たね）の形がゴキブリの卵塊に似ているので秋に茶色くなって枝についている果実を割ってみよう。ロウバイの花は内側の花弁が赤茶色。芯まで黄色い品種がソシンロウバイ。花が大きく色も濃く香りが強い品種がマンゲツロウバイ。

◇**由来**　中国中部原産
◇**よく見る場所**　庭園・庭
◇**花の時期**　12～2月、香りがある
◇**果実の時期**　9月頃、茶色く熟す

シロダモ　常緑高木。高さ10-15m径50㎝ほど。葉は互生、長さ8-18㎝幅4-8㎝。雌雄別株。花は小さく花弁の長さ3.5㎜ほど。果実は長さ1.2-1.5㎝。写真：右上＝花、右下＝果実、左＝花と果実時

シロダモ

別名シロタブ・タマガラ
クスノキ科
Neolitsea sericea

秋に花と実を同時に樹上で見られる。実が翌秋に熟すからで、日本のクスノキ科ではめずらしく果実の色は赤い。雌雄別株。雄木の淡い黄色の小花は葉の下でもこもこしていてよく目立ち香りがある。若葉はだらりと垂れ下がり毛で覆われ黄金色に輝き美しい。生け花の花材にもなる。成葉になると毛は落ち、葉の裏の白色が目立つ。シロダモの名はタブノキのタブから転じたもので、葉の裏が白いタブノキの仲間という意味。種子に油が含まれ、灯火の油やろうそくの材料にされた。都会の片隅に残る林によく生えているので、葉裏の白さを頼りに探してみよう。

◇**分布**　本州（宮城・山形以南）～沖縄、朝鮮南部
◇**よく見る場所**　公園・庭園・雑木林
◇**花の時期**　10～11月、香りがある
◇**果実の時期**　翌年の10～11月頃、赤色に熟す

クスノキ　常緑高木。高さ20m径2mほど。葉は互生、長さ5-12㎝幅3-6㎝。花は小さく花弁の長さ1.5㎜ほど。果実は径8㎜ほど。写真：右＝花時、左上＝果実、左下＝赤い新芽。

クスノキ

樟・楠／別名クス
クスノキ科
Cinnamomum champhora

宮崎駿監督の映画「となりのトトロ」に出てくるトトロの棲む木である。長寿の木で、鹿児島県姶良郡蒲生町の八幡神社境内にある「蒲生の大楠」は幹周り24ｍを超え、日本一の巨樹である。葉に特徴があり三行脈といい三本の主脈がはっきりしている。その三行脈の分岐点のほとんどにダニ室という部分が見られる。この中に肉食性のダニを生息させてクスノキに有害なダニから身を守っていると考えられている。材は多数のテルペン類を含み腐りにくく樟脳成分は防虫剤に利用される。かつてセルロイドに大量に使用されていた。アオスジアゲハの幼虫の食草でもある。

◇**分布**　本州〜九州、中国南部
◇**よく見る場所**　公園・庭園・街路・校庭・神社
◇**花の時期**　5〜6月頃
◇**果実の時期**　10〜11月、黒紫色に熟す

ヤブニッケイ　常緑高木。高さ20m径50㎝ほど。葉は互生、長さ7-10㎝幅2-5㎝。花は小さく花弁の長さ2.5㎜ほど。果実は長さ1.5㎝。写真：右上＝若い果実時、右下＝花、左上＝花時、左下＝果実時

ヤブニッケイ

藪肉桂
クスノキ科
Cinnamomum japonicum

ヤブニッケイは暖地の山に自生する。外来のニッケイに比べ香りが弱いためヤブをつけて区別した。ニッケイは生薬「肉桂」のことで、その根が健胃薬、整腸薬として用いられる。葉を揉めば香りが強く樹皮にも香りがあり根が特に強い香りを放つ。日本のニッケイは中国から導入された栽培品。近年沖縄に自生が確認された。日本で栽培していたニッケイは根の皮を利用し、掘り取れば資源は枯渇するので現在はすべて輸入品。輸入品のニッケイ（シナモン）は樹皮を利用する。京都の「八つ橋」には、中国南部・インドシナで栽培しているシナニッケイが使われている。

◇**分布**　本州（福島以南）～沖縄、中国
◇**よく見る場所**　庭・シイやタブ林
◇**花の時期**　6月頃
◇**果実の時期**　10～11月、黒紫色に熟す

タブノキ　常緑高木。高さ20m径1mほど。葉は互生、長さ8-15㎝幅3-7㎝。花は小さく花弁の長さ5-7㎜。果実は径1㎝ほど。写真：右上＝花時、右下＝冬芽、左上＝果実時、左下＝新芽時

タブノキ

別名イヌグス（犬樟）
クスノキ科
Machilus thunbergii

クスノキの仲間だが葉の三行脈（さんこうみゃく）ははっきりしない。その昔、材で船を、葉や樹皮からは線香をつくり、実からは蠟を採った。伊豆諸島では樹皮を煎じて織物や漁網を染めるのに利用し、八丈島の黄八丈もその樺色にタブノキの樹皮を利用している。実は搗（つ）いて麦粉を混ぜて食べるなど多目的優良植物であった。赤く色づいた果柄はよく目立ち、その先に実をつけるが、夏は緑色のままで晩秋に熟す。クスノキより耐寒性が強いので関東より東でも海岸の近くに大木が残っている。別名イヌグス。有用樹だがクスより材の優秀さで劣っていたためにイヌをつけて区別した。

◇**分布**　本州～九州、朝鮮南部
◇**よく見る場所**　街路
◇**花の時期**　4～5月
◇**果実の時期**　8～9月、黒紫色に熟す

ゲッケイジュ　常緑高木。高さ12mほど。葉は互生、長さ5-15cm幅2-4cm。雌雄別株。花は小さく花弁は長さ3.2-3.5mmほど。果実は径1.3mmほど。写真：右＝花（雄花）、左＝花時

ゲッケイジュ

月桂樹／別名ローレル（Laurel）
クスノキ科
Laurus nobilis

勝者のシンボル月桂冠でおなじみの木。ギリシア時代から勝者や英雄を称えるためこの枝葉でつくった冠を授与する習慣があった。地中海地方原産で有用な栽培樹木。枝や葉に芳香があり薬用、香辛料として利用され、ヨーロッパでは庭木や街路樹として人気がある。日本には明治三九年に導入され庭木として植えられたが、カイガラムシの被害が多い。いったんつくと薬剤は効かないので退治がむずかしくベタベタする排泄物に菌がついてすす病も発生し葉が黒くなるため観賞樹としての価値が下がる。雌雄別株で雄株の花はボリュームがあり雄木が多く植えられている。

◇**由来**　地中海沿岸原産
◇**よく見る場所**　庭・校庭／記念樹
◇**花の時期**　4～5月
◇**果実の時期**　10月、暗紫色に熟す

クロモジ　落葉低木。高さ2-5m径10㎝ほど。葉は互生、長さ5-10㎝幅1.5-3.5㎝。雌雄別株。花は小さく花弁の長さ2-3㎜。果実は径5㎜。写真：右＝花時、左上＝蕾、左下＝新芽時

クロモジ

黒文字
クロモジ科
Lindera umbellata

深緑色の樹皮に黒い斑点がある。クロモジ油を含み、葉を揉（も）んだり枝を折ったりするとさわやかな香りを放ち、すぐにそれとわかる。昔は樹皮を残したまま先を穂のように砕いて総楊枝（ふさようじ）にし、歯ブラシのように使った。これを黒木の楊枝の意味で「黒楊枝」といった。宮中などに仕える女性たちは衣食住に関する一般用語を直接口にすることを憚（はばか）り、言葉に「もじ」をつけて用いた。すもじ（鮨（すし））、しゃもじ（杓子（しゃくし））、そもじ（そなた）などの女房詞（にょうぼうことば）である。黒楊枝も「もじ」をつけて「黒もじ」と呼んだのが始まり。都会では小さな庭の植込みや公園に植えられている。

◇**分布**　本州（東北南部以南）～九州北部
◇**よく見る場所**　公園・庭・雑木林
◇**花の時期**　4月頃
◇**果実の時期**　9～10月、黒色に熟す

アブラチャン　落葉亜高木。高さ5m径15cmほど。葉は互生、長さ5-8cm幅2-4cm。雌雄別株。花は小さく2mmほど。果実は径15mmほど。写真：右上＝花、右下＝新芽、左上＝花時、左下＝果実時

アブラチャン

油瀝青／別名ムラダチ（群立）・ズサ・ジシャ
クスノキ科
Lindera praecox

名にチャンとつくのがほのぼのとして親しみやすい。漢名は「油瀝青」で、瀝青（れきせい）はコールタールやアスファルトをさす。種子や樹皮から油をしぼり、灯火に使ったことで名づけられた。山里では菜種油が手に入りにくく沢筋に生えるアブラチャンを利用した。葉が出るより前に花を咲かせる。じっくり観察してみるとこれがなかなかおもしろい。普通、三角錐形の葉芽を中心にして、左右に花芽をつけるが、開花直後は、その姿がまるでポンポンをもったチアガールそのもの。幹は株立ちして生えることから、別名ムラダチ（群立）といわれる。

◇分布　本州・四国・九州
◇よく見る場所　庭園・庭・雑木林
◇花の時期　3〜4月
◇果実の時期　9〜10月、黄褐色に熟す

ヤマコウバシ　落葉亜高木。高さ5mほど。葉は互生、長さ4-9㎝幅2-4㎝。雌雄別株。花は小さく花弁の長さ1.4㎜ほど。果実は径7㎜ほど。写真：右＝花時、左上＝枯葉、左下＝果実期

ヤマコウバシ

山香／別名ヤマコショウ・モチギ・モチシバ
クスノキ科
Lindera grauca

ヤマコウバシの名を聞きなれない方も多いかもしれないが、関東以西の雑木林から低山に自生があり、最近公園や庭にも植えられるようになってきた在来の樹木である。

落葉樹だが、葉が枯れてもなかなか落葉せず枝に残るので、秋から冬に存在を主張する。クロモジの仲間なので、葉や枝に香ばしい香りがある。

山里では、昔、新葉を乾燥させ粉にし、湯で戻して米の粉に混ぜて団子をつくり救荒食料とした。そのためモチギ、モチシバの名がある。秋に黒く熟した実は噛（か）むと辛味があるのでヤマコショウ（山胡椒）ともいわれる。

◇**分布**　本州（関東以西）～九州、中国、朝鮮
◇**よく見る場所**　公園・庭
◇**花の時期**　4月
◇**果実の時期**　10月頃、黒色に熟す

ダンコウバイ　落葉低木。高さ3m径18cmほど。葉は互生、長さ5-15㎝幅4-13㎝。雌雄別株。花は小さく花弁の長さ2.5-3.5㎜。果実は径8㎜ほど。写真：右上＝葉、下＝花時

ダンコウバイ

檀香梅／別名ウコンバナ（鬱金花）・シロジシャ
クスノキ科
Lindera obtusiloba

暖地の山地に生える。花は黄色で芳香があり、春の到来を告げる代表的な花の一つ。花の時期には葉が開いていないためサンシュユの花時に似ているが、黄色の色合いといい秋の実の赤さといい、サンシュユには見劣りがするためか、サンシュユほどの人気はない。

クスノキ科には雌雄別株のものが多く、植えられているのは花にボリュームのある雄株に偏る。早春に咲く花に黄色が多いのはハチやアブなどが紫外線域まで見えるためだといわれている。材にも芳香があり、楊枝や細工物に使われる。庭木や花材に使われるほか、薬用にもなる。

◇**分布**　本州（関東以西）～九州、中国東北部、朝鮮
◇**よく見る場所**　庭
◇**花の時期**　3～4月、香りがある
◇**果実の時期**　9～10月、赤色から黒紫色に熟す

シキミ　常緑亜高木。高さ2-5m。葉は互生、長さ4-12㎝幅1.5-4㎝。花は径2.5-3㎝。果実は径2-3㎝。
写真：右＝花時、左上＝果実時、左下＝裂開した果実と種子

シキミ

樒・梻／別名ハナノキ
シキミ科
Illicium anisatum

全木有毒。なかでも種子にアニサチンという痙攣(けいれん)性の神経毒が多く含まれている。実に毒があることから「悪(あ)しき実」が転じてシキミの名がついた。中華料理に使われる八角(はっかく)（スターアニス）という星型の香辛料にそっくり。平成2年11月12日、神戸の自然教室で、二千粒ものシキミの実を炒りパンケーキに入れ焼いて食べたところ、意識が混濁状態になるなど13人が入院するという事件がおきた。葉や材を燃やすと死臭を消すほどの強い臭いを放つため、昔から墓地に植えられた。シキミは仏教と結びつき、ツバキ科のサカキは神道と結びついた。

◇**分布**　本州（宮城以南）～沖縄、朝鮮、中国、台湾
◇**よく見る場所**　神社・寺院・墓地
◇**花の時期**　3～4月
◇**果実の時期**　9～10月、褐色に熟す

ナンテン　常緑低木。高さ1-3m。葉は羽状複葉、小葉は長さ3-7㎝幅1-2.5㎝。花は径6-7㎜。果実は径6-7㎜。写真：右＝花時、左上＝果実時、左下＝シロミノナンテンの果実時

ナンテン

南天／漢名南天竹・南天燭
メギ科
Nandina domestica

庭におなじみの植物だが地方名が少ない。「南天」と書くのは中国名の南天竹からきている。日本に自生があるといわれるが、古い時代に渡来したものと思われる。葉や実に薬効効果があり、咳止めや解毒薬として用いた。難を転じるという語呂合わせも庶民に広く知れわたり、食当たりを防ぐためにナンテンの箸を使ったり葉を敷いたりと、縁起を担ぎ庭にはなくてはならない植物だった。現在でも正月に枝や実を飾る。江戸時代の文政年間（一八一八〜三〇）頃にナンテンの栽培ブームが起こり、針のような葉やよじれた葉の変わりもののナンテンがもてはやされた。

◇**分布**　西南日本の暖地、中国
◇**よく見る場所**　人家の庭・寺院
◇**花の時期**　5〜6月
◇**果実の時期**　11〜12月、赤色に熟す

ヒイラギナンテン　常緑低木。高さ1.5mほど。葉は羽状複葉、長さ30-40㎝、小葉は5-8対長さ4-10㎝幅2.5-3.5㎝。果実は長さ8-9㎜径4-5㎜。写真：右上＝花時、右下＝花、左＝果実時

ヒイラギナンテン

柊南天／別名トウナンテン（唐南天）
メギ科
Mahonia japonica

中国南部から台湾に自生がある。日本には一七世紀末に渡来した。庭や庭園に植えられたものでは高さ1.5m以上にはならないが自生地では4mにもなる。

名前は、葉にヒイラギのような刺（とげ）があるナンテンという意味。黄色い小花の雄しべは、メギの花と同様に刺激すると動く。観察しやすいので試してみよう。花に虫がくれば自家受粉するため、果実はたくさん実る。寒くなると常緑の葉は赤銅色になり美しい。これは細胞中の糖濃度を高めて不凍液にし、凍りにくくする反応で、やがて暖かくなると緑色に戻る。

◇**由来**　ヒマラヤ・中国・台湾
◇**よく見る場所**　公園・植込み・庭
◇**花の時期**　2～3月
◇**果実の時期**　6～7月、黒紫色に熟し白粉を被る

メギ　落葉低木。高さ2mほど。葉は長さ1-5㎝幅5-15㎜。花は径6㎜ほど。果実は液果、長さ7-10㎜。
写真：上＝花時、右下＝刺のある枝、左下＝果実期

メギ

目木／別名コトリトマラズ・ヨロイドオシ
メギ科
Berberis thunbergii

メギ（目木）の名は枝や根を煎じて洗眼薬にしたことによる。枝や根の汁は健胃薬にもされた。山地や丘陵、原野に生え、蛇紋岩地でもよく生育する。枝は稜（りょう）が目立ち、鋭い刺（とげ）がある。この刺は葉が変化したもの。クリーム色の小さな花は下向きに咲く。葉がいつでも赤いタイプと緑のタイプがあるのはカエデにも見られる色素定着現象による。赤い葉はめずらしいので園芸的に殖やされた。花の中の雄しべを刺激すると雌しべに倒れかかる。野外で観察するとおもしろい。秋の紅葉と赤く熟す実も美しい。別名のコトリトマラズ（小鳥止まらず）は鋭い刺があるため。

◇**分布**　本州（関東以西）～九州
◇**よく見る場所**　公園・庭・生垣
◇**花の時期**　4月頃
◇**果実の時期**　10～11月、赤色に熟す

ムベ　常緑つる性木本。葉は互生、掌状複葉で小葉は5-7個。花は花弁がなく萼片は長さ3-2㎝。果実は長さ5-8㎝。写真：上＝花、下＝果実

アケビ　落葉つる性木本。葉は互生、掌状複葉で小葉は5個。雄花は径1-1.6㎝雌花は径2.5-3㎝。果実は長さ10-15㎝。写真：上＝果実、下＝花

アケビとムベ

木通・通草、野木瓜／別名トキワアケビ
アケビ科
アケビ *Akebia quinata*　ムベ *Stauntonia hexaphylla*

アケビは北海道を除く全国に野生し複葉は小葉5枚、ミツバアケビは小葉3枚で北海道を含む全国に分布。果実が熟すると口を開ける「開け実」から名がついた。果実の中の種（たね）を包む半透明の果肉は甘い。果皮や種は大変苦い。果皮を味噌焼きや甘醤油で焼いたりして食べ、若芽はお浸しやお茶にする。つる性の茎は皮をはいで椅子や籠などをつくる。

ムベは常緑で果実は普通開かない。フユアケビとかフユムベともいう。果実は食用とされ、アケビよりも甘くておいしく、さらに滋養強壮効果があることが知られている。

◇**分布**　アケビ本州～九州、朝鮮、中国
　ムベ本州（関東南部）～沖縄、朝鮮、中国、台湾
◇**よく見る場所**　公園・庭
◇**花の時期**　4～5月
◇**果実の時期**　アケビ＝9～10月、ムベ＝10～11月

カツラ　落葉高木。高さ30m径2mほど。葉は長さ4-8cm幅3-8cm。雌雄異株、花には萼や花弁がない。果実は長さ1.5cmほど。写真：右上＝雌花と若葉、右下＝樹皮、左上＝葉、左下＝雄花

カツラ

桂／別名オカズラ
カツラ科
Cercidiphyllum japonicum

現在、中国の一部と日本にのみ自生する。氷河期以前は北アメリカやヨーロッパにも生きていたが絶滅してしまった。桂や圭（モクセイ）、肉桂（ニッケイ）は香りという共通点で結ばれている。カツラの葉は落葉し乾燥していく過程で酵素の働きにより香ばしい醤油の焦げたような香りがする。マッコウノキ、オコウノキ、ショウユギなどと呼ぶ地方もある。近畿大学の高石清和教授はこの芳香がマントールという物質の生産によることを突き止めた。雌しべや雄しべが赤く色づき、芽吹き時は木全体がボーと赤く見える。果実は熟すと裂けて翼のある種を飛ばす。

◇分布　北海道～九州、中国
◇よく見る場所　公園
◇花の時期　3～5月
◇果実の時期　9～10月、黒紫色に熟す

モミジバスズカケノキ　落葉高木。高さ35m。葉は長さ10-18㎝幅12-22㎝。雌雄異株。雄花序は径1㎝ほど、雌花序は径1.5-1.7㎝。果実は長さ11㎜ほど。写真：（右頁）樹形、（左頁）右上＝果実時、右中＝葉、右下＝樹皮、左上＝花時（雌花）、左下＝新宿御苑の古木の幹

モミジバスズカケノキ

紅葉鈴懸の木／別名カエデバスズカケノキ
スズカケノキ科
Platanus × acerifolia

普通にスズカケノキと呼んでいても、日本の公園樹や街路樹として植栽されているのは大半がモミジバスズカケノキである。明治三〇年に新宿御苑に本種の苗木が導入され、フランス庭園に並木で植えられた株から毎年剪定（せんてい）した枝を挿し木で殖やし、全国の街路樹として植えた。苑内数か所に単木として植えられた株は幹が太くなっている。交配親は小アジアのスズカケノキと北アメリカのアメリカスズカケノキ。以前から小アジアのスズカケノキは街路樹とされていたがモミジバスズカケノキの方がより乾燥や剪定に強く、日本には本種が定着した。

◇**由来**　イギリスで作出されたとされる交配種
◇**よく見る場所**　公園・庭園・街路・校庭
◇**花の時期**　５月
◇**果実の時期**　秋～冬、褐色の毛がある

マンサク　落葉低木または高木。高さ12mまで。葉は互生、長さ5-10㎝幅3.5-7㎝。花弁は長さ1-1.3㎝。果実は長さ0.8-1㎝。写真：右上＝花時、右下＝果実時、左上＝アカバナマンサク、左下＝種子

マンサク

満作
マンサク科
Hamamelis japonica

早春に山ではいちばん早く花を咲かせて、春の訪れを告げる木のため「まず咲く」が転じて名になったといわれている。花弁の色が赤やオレンジ、白など多くの園芸品種がつくられていて、庭木や公園樹として植えられ、盆栽、花材にも利用される。実は熟すと2つに割れ、光沢のある黒い種子を2個はじき飛ばす。材に粘りがあるため、飛騨地方ではソネと呼ばれ、白川郷(しらかわごう)の合掌造りの軸組はいまでもマンサクの枝で縛る。近年、マンサクが突然枯れ出す現象が岐阜、愛知の山で発生し、都市公園にまで広がっている。まだ原因がはっきりしないので心配だ。

◇**分布**　本州（関東西部以西）～九州
◇**よく見る場所**　公園・庭
◇**花の時期**　3～4月（高地・北地では5月）
◇**果実の時期**　9～10月、褐色に熟す

トキワマンサク　常緑小高木。高さ3-6m。葉は互生、長さ1.5-4cm幅0.8-2cm。花弁の長さ2cmほど。果実は長さ6-7mm。写真：右上＝花時、右下＝ベニバナ品種の葉、左＝同じく花時

トキワマンサク

常磐満作
マンサク科
Loropetalum chinense

名前は常緑のマンサクの意味。日本では自生地が限られているが庭や公園に植えられていることが多い。トキワマンサクの花はクリーム色だが、最近は花びらが濃いピンクの品種ベニバナトキワマンサクが庭や公園に増えている。ベニバナ品種は春と秋に花が咲く二季咲き性で、芽立ちの若葉も赤くて目立つ。芽が伸び始めると古い葉が褐色に変わり、葉だけでも赤、緑、褐色と三色に楽しめる。庭木として紅白の花を楽しむために、トキワマンサクとベニバナ品種をいっしょに植えるところもある。大株に育つので植える場所には配慮が必要である。

◇**分布**　静岡・三重・熊本、中国、台湾、ヒマラヤ
◇**よく見る場所**　公園・庭園・庭
◇**花の時期**　4～5月
◇**果実の時期**　10月頃、褐色に熟す

フウ　落葉高木。高さ20mときに40m。葉は互生、長さ幅とも7-15㎝。雌雄同株。花には花弁はなく、雌花序は径1.5㎝ほど。果実は径2.5㎝ほど。写真：右上＝果実時、右下＝新芽時

フウ

楓

マンサク科

Liquidambar formosana

フウは台湾から中国南部に自生があり、江戸時代中頃（一七二〇年頃）に日本に移入された。いまから一千万年以上前の新生代第三紀には日本に広く分布していたため、化石ではたくさん発見される。メタセコイアと同じで昔、日本に自生があった木の一つ。中国では楓の字を当てる。日本では「楓」はカエデに当てているが、両者は葉の形が似ている。ただし、フウは互生で托葉（たくよう）があり（カエデは対生で托葉はない）、浅く三裂した葉の鋸歯（きょし）が内側に曲がる特徴がある。実も丸くて突起があり、長い軸でぶら下がりカエデの実とはかなり違う。フウの種（たね）には翼（よく）がある。

◇**由来**　中国南部、台湾原産
◇**よく見る場所**　公園・街路・広場
◇**花の時期**　４月
◇**果実の時期**　秋、褐色に熟す

アメリカフウ　落葉高木。高さ25-40m。葉は互生、長さ幅とも8-15cm。雌雄同株。雄花序の長さは5-10cm。果実は径3-4cm。写真：右＝紅葉の頃、左上＝花時、左下＝果実時

アメリカフウ

アメリカ楓／別名モミジバフウ（紅葉葉楓）
マンサク科
Liquidambar styraciflua

北アメリカ原産の落葉高木で、高さ40m以上になる。日本には大正時代に導入され、公園樹や街路樹として植えられている。フウに似ているが葉が5～7つに深く裂け（フウは3つに裂ける）、若い枝にはコルク質の翼が発達する。実は機雷のような形でウニのような突起が出る。熟すと穴が開いて翼のついたカエデのような種が飛び出し、風に乗って回転しながら飛んでいく。木に残った実にはマツボックリと同じように種は入っていない。日本では病虫害が少なく街路樹としての利用が増えている。紅葉もきれいで都会の木として定着していくことだろう。

◇**由来**　北アメリカ東部～中央アメリカ原産
◇**よく見る場所**　公園・街路・広場
◇**花の時期**　4～5月
◇**果実の時期**　10～11月、銹色に熟す

ヒュウガミズキ　落葉高木。高さ1-2m。葉は互生、長さ2-3cm。花序は長さ1-2cm。果実は径6mmほど。写真：右上＝花時、右下＝新葉

トサミズキ　落葉高木。高さ2-3m。葉は互生、長さ4-10cm。花序は長さ2.5-4cm。果実は径8-10mm。写真：右上＝花時、右下＝果実時

トサミズキとヒュウガミズキ

土佐水木、日向水木
マンサク科
トサミズキ *Corylopsis spicata*、ヒュウガミズキ *C. pauciflora*

土佐の高知の石灰岩質の場所に自生する。葉はマルバマンサクに似ている。ミズキの名前がついているがマンサク科トサミズキ属。葉がミズキにやや似ているのが誤認の始まり。葉は秋には黄褐色になる。早春に咲く黄色い花は一つの花序に3〜10個つき雄しべの葯（やく）は赤く、ヒュウガミズキでは2〜3個つき雄しべの葯は黄色。ヒュウガミズキは新芽が赤く、全体に華奢で大きくならないため、庭園の植込みや生垣に珍重されている。花は葉より早く咲き美しいので、江戸時代中頃から園芸植物として観賞されていた。

◇**分布**　トサミズキは高知県
ヒュウガミズキは石川〜兵庫県の日本海沿い
◇**よく見る場所**　公園・庭園・庭
◇**花の時期**　3〜4月
◇**果実の時期**　トサ9〜10月、ヒュウガ10〜11月

イスノキ　常緑高木。高さ8-10m径1m。葉は互生、長さ3-7㎝幅1.5-3㎝。花序は長さ2.5-4㎝。果実は長さ7-10㎜。写真：右上＝花、右下＝虫こぶのできた枝、左上＝花時、左下＝果実時

イスノキ

作・作樹・蚊母樹／別名ユスノキ・ヒョンノキ・ユシノキ
マンサク科
Distylium racemosum

花には花弁がなく赤い雄しべが目立つ。材は緻密（ちみつ）で日本に自生する木で最も比重が重い木の一つ。枝や葉に虫こぶができやすく、10種類以上のアブラムシがそれぞれ別の形の虫こぶをつくることが知られている。特にイスノフシアブラムシによる虫こぶイスノキエダナガタマフシ（虫こぶにも名がある）は大きな実のようになり、アブラムシの出た跡の穴に息を吹き込み笛にして遊んだ。このためヒョンノキとも呼ばれる。葉にも虫こぶができて中心部が膨れて穴が開いていることが多い。虫こぶにはタンニンが多く含まれるので、染料にも利用された。

◇分布　本州（関東南部）〜沖縄、朝鮮、中国、台湾
◇よく見る場所　庭
◇花の時期　4〜5月
◇果実の時期　10月頃、黄褐色に熟す

アキニレ　落葉高木。高さ15m径60㎝ほど。葉は互生、長さ2.5-5㎝幅1-2㎝。花弁の長さ2.5㎜ほど。果実は長さ1㎝ほど。写真：右＝果実時、左上＝樹皮、左下＝ハルニレの果実

アキニレとハルニレ

秋楡／別名イシゲヤキ・カワラケヤキ、春楡／別名ニレ
ニレ科
アキニレ *Ulmus parvifolia*、ハルニレ *U. davidiana* var. *japonica*

アキニレの名は秋に花が咲くニレの意味。9月に花が咲き11月には実る。里山のような環境のほか、石灰岩地域の岩隙や痩せ尾根、河原などでも見られる。ほかの植物が生育していない立地にいち早く侵入し、乾燥に耐えて生長する。葉は落葉樹にしては厚く頑丈で光沢がある。種(たね)には翼(よく)があり、縦に回転して浮力を得、風に乗って散布される。材は堅く器具材に使われる。樹皮から繊維を採り、縄の代用としていた。

ハルニレは、春に花が咲き、葉が出る頃には緑色の実になっている。アキニレより寒さに強く、分布の中心は本州中部以北。

◇**分布**　本州（中部以西）～沖縄、朝鮮、中国、台湾
◇**よく見る場所**　公園・街路・庭・生垣
◇**花の時期**　アキニレ9月、ハルニレ4～6月
◇**果実の時期**　アキニレ10～11月、ハルニレ6月

エノキ　落葉高木。高さ20m径1.2mほど。葉は互生、長さ4-9cm幅4cmほど。花は雄花と両性花がある。果実は径6-8mm。写真：右上＝樹皮、右下＝新芽と花、左上＝花時、左下＝果実時

エノキ

榎・朴／別名エ・ヨノキ・メムクノキ
ニレ科［アサ科］
Celtis sinensis var. *japonica*

昔は一里塚に植えられたり、村の入口や家の境界線に植えられることが多かった。これには魔除けの意味があったらしい。エノキの名は「枝の多い木」、「器具の柄に適した木」、などから転じたといわれる。材は堅く、くるいが少ないので、家具や器具の材料として使われた。葉は上部に鋸歯(きょし)がありいびつなお米形のため、主脈で二つに折ると葉の縁がずれる。花は葉が開くのと同時に咲き、枝先には両性花、もとに雄花が多数つく。秋には直径6〜8mmの実がオレンジ色に熟し、うまくはないが食べられる。エノキダケはエノキによく生えることから名がついた。

◇**分布**　本州〜九州、朝鮮、中国中部
◇**よく見る場所**　公園・街路・屋敷林・一里塚
◇**花の時期**　4〜5月
◇**果実の時期**　9月、紅褐色に熟す。食べられる

ケヤキ　落葉高木。高さ30m径2mほど。葉は互生、長さ3-7㎝幅1-2.5㎝。雌雄同株。花はごく小さい。果実は径4㎜ほど。写真：右上＝樹形、右下＝花時、左上＝花と若い果実、左下＝新葉

ケヤキ

欅／別名ツキ（槻）
ニレ科
Zelkova serrata

日本を代表する広葉樹の一つ。全国の山野に普通に見られるが、特に関東地方に多い。ケヤキの名はその利用価値の高さから「けやけき（際立って優れている）木」が転じたもの。古くは「槻（つき）」と呼ばれた。

幹がまっすぐに伸びて木目が美しく、材は緻密（ちみつ）で堅くほとんどくるいがない。湿気にも強く保存性が高いので、木工品（漆器、臼（うす）、農具、盆など）、家具、楽器、寺社建材などに使われた。その落ち葉はよい堆肥となるなど非常に利用価値が高い。武蔵野にケヤキが多かったのは江戸幕府が橋桁（はしげた）や船の材料にするために植えるように勧めた名残りだ。

◇**分布**　本州〜九州、朝鮮、中国
◇**よく見る場所**　公園・広場・街路・庭・雑木林
◇**花の時期**　4月
◇**果実の時期**　10月、灰黒色に熟す

ムクノキ　落葉高木。高さ20m径1mほど。葉は互生、長さ5-10㎝幅4㎝ほど。雌雄同株。雄花序は長さ1-1.5㎝。果実は径1.2㎝ほど。写真：右上＝雄花（S. Watari）、右下＝果実期、左＝樹形

ムクノキ

椋木・樸樹／別名ムク・ムクエノキ・オムク
ニレ科［アサ科］
Aphananthe aspera

ムクノキの名は研磨材として使われていたので「木工（もっこう）」が転じたものと思われる。葉は表面に硬い毛が多くありザラザラする。昔はこれを乾燥させて木工材やべっ甲、象牙を磨くヤスリにした。樹皮は浅い縦筋が多く、老木になると薄片となって縦にはがれる。

「樹皮が（剥く）ムクノキ」と覚えればよい（よく似たエノキははがれない）。材は建築や器具、楽器に使われた。特に三味線の胴はムクの材が多い。秋には直径8～10㎜の実が黒紫色に熟し、干し柿のような甘みがありおいしい。ムクドリやツグミ、ドバトの好物。鳥散布のため都会でも実生苗が育っている。

◇**分布**　本州（関東以南）～沖縄、朝鮮～インドシナ
◇**よく見る場所**　公園・庭・広場
◇**花の時期**　4～5月
◇**果実の時期**　10月、黒紫色に熟す。食べられる

カジノキ　落葉高木。高さ4-10m。葉は互生、長さ10-20cm幅7-14cm。雌雄別株。雄花序は長さ3-9cm、雌花序は径1cm。果実は径3cmほど。写真：右上＝雄花、右下＝雌花、左上＝果実時、左下＝葉

カジノキ

梶木／別名カジ・カシノキ・ムカシカズ・オビチ
クワ科
Broussonetia papyrifera

カジノキの樹皮は古くから和紙原料として用いられてきたが質はコウゾに劣る。カジノキとコウゾは植物学的にも類似していて、学名からも混同がうかがえ、シーボルトは日本に自生するヒメコウゾの学名にkazinokiという名を入れた。カジノキの学名のpapyriferaは「紙をもった」という意味。現在、日本の和紙業界が原料として使うコウゾは約8割がタイからの輸入カジノキである。

葉の切れ込みは複雑なものからまったくみられないものまでさまざま。若枝や葉柄、葉裏にビロード状の軟毛が密生し、ほかのクワ科の樹木との区別点となる。

◇**分布**　中国中南部、インドシナ、マレーシア
◇**よく見る場所**　公園
◇**花の時期**　5～6月
◇**果実の時期**　9月頃、赤色に熟す。

クワ　落葉高木。高さ6-10m。葉は互生、長さ8-15㎝幅4-8㎝。雌雄別株。雄花序は長さ2-2.5㎝、雌花序は5
10㎜。果実は長さ1-2.5㎝。写真：右上＝果実時、右下＝ヤマグワの葉、左上＝同じく花時、左下＝同じく葉

クワとヤマグワ

桑／別名マグワ・トウグワ、山桑／別名シマグワ
クワ科
クワ *Morus alba*、ヤマグワ *M. australis*

養蚕に使われるクワは、葉の大きいマグワ（真桑）で、トウグワ（唐桑）ともいい、中国から取り寄せたものである。ヤマグワは日本に在来のクワで、マグワと区別するために名づけられた。クワの語源は「食う葉」「蚕葉」「飼葉」など諸説あるが、いずれも蚕が食べる葉の意味から転じた。雌雄別株なので雌株に実がなり、黒く熟した実は甘酸っぱく食べられるが、舌が黒紫色になる。白っぽいまま熟している実は菌に冒されたもの。焼却しないと菌は毎年発生する。青森県三内丸山（さんないまるやま）遺跡からヤマグワの種子が大量に出土し、縄文人もクワを食べていたことが判明した。

◇**分布**　クワは朝鮮、中国中部、
ヤマグワは北海道～沖縄、中国～インド
◇**よく見る場所**　庭・畑
◇**花の時期**　4～5月
◇**果実の時期**　6～7月、紫黒色に熟す。食べられる

イチジク　落葉高木。高さ5-8m。葉は互生、長さ20-30㎝幅15-25㎝。雌雄異株。花のうは長さ3㎝ほど。果実は長さ5-7cm。写真：右＝花時、左＝果実時

イチジク

無花果／別名トウガキ（唐柿）・ホロロイシ
クワ科
Ficus carica

イチジクは「無花果」と書くが、花がないわけではなく、花のうと呼ばれる変わった花序の中に無数の白い花を咲かせる。結実にはイチジクコバチという昆虫がかかわり、種類ごとに送粉者となるイチジクコバチが決まっている。一種対一種のこの共生関係についても、研究が進められている。日本で栽培されているイチジクはコバチの助けがなくても結実し熟する。

果実は生でも食べられるが、日持ちがしないのでジャムなどに加工される。プロテアーゼというタンパク質分解酵素やペクチンを多く含み食後のデザートとして最適。

◇**由来**　西アジア原産
◇**よく見る場所**　庭
◇**花の時期**　夏・秋
◇**果実の時期**　夏・秋、紫黒色に熟す。食べられる

イヌビワ　落葉亜高木。高さ3-5m。葉は互生、長さ8-20㎝幅3.5-8㎝。雌雄異株。花のうは径8-10㎜。果のうは径2㎝ほど。写真：上＝果実時、右下＝花時、左下＝葉（上は表、下は裏）

イヌビワ

犬枇杷・天仙果／別名イタブ・イタビ
クワ科
Ficus erecta

イチジクが渡来し人々に知られる前に、実の形からビワへの連想で食べられないビワ、イヌビワとなったと考えられる。食べられるのは黒紫色に熟した雌株の果のうで10月頃。イチジクと同じように特定のコバチ（イヌビワコバチ）と共生関係にあり、花粉を媒介してもらう。雄株につく花のうは秋からできてイヌビワコバチの越冬と受精、雌バチ発生に重要な役割をする。花粉をつけたコバチは夏に雌株の花のうに潜り込み受精させて死ぬ。秋発生したコバチは雄株に産卵する。雄株の花のうは夏にはつかない。和名はイヌビワより「イヌイチジク」がふさわしい。

◇**分布**　本州（関東以西）〜沖縄、朝鮮
◇**よく見る場所**　庭・街路
◇**花の時期**　4月
◇**果実の時期**　10月頃、黒紫色に熟す。食べられる

オニグルミ　落葉高木。高さ7-10m。葉は互生、長さ40-60cm、小葉は11-19個長さ8-18cm。雄花序は10-22cm
雌花序は6-13cm。果実は長さ3-4cm。写真：右上＝雌花序、右下＝新芽時、左上＝雄花序、左下＝果実時

オニグルミ

鬼胡桃／別名クルミ・ヤマグルミ
クルミ科
Juglans mandshurica var. *sachalinensis*

この仲間は日本にはオニグルミとその変種のヒメグルミが自生し、遺跡から殻などが数多く出土していることでも、古くから種（たね）を食用にしてきたことがわかる。オニグルミを単にクルミと呼ぶが、ヒメグルミと区別するため「オニ」をつけたという。オニの由来は、実の中の核が硬くて表面が凸凹しているのを鬼の面にたとえたもの。江戸時代に中国よりテウチグルミ（カシグルミ）が、明治以降にはアメリカよりペルシアグルミが渡来した。栽培に適した長野県では外来2種の交配から殻が薄く収穫量の多い「信濃クルミ」をつくった。冬芽の下の葉痕（ようこん）は羊の顔そっくり。

◇**分布**　本州〜九州、樺太
◇**よく見る場所**　庭
◇**花の時期**　5〜6月
◇**果実の時期**　9〜10月、褐色に熟す。食べられる

シナサワグルミ　落葉高木。高さ30m。葉は互生、長さ20-40㎝、小葉は11-23個長さ6-12㎝。雄花序は6-10㎝雌花序は10-15㎝。果房は長さ20-30㎝。写真:右上＝樹皮、右下＝新芽と蕾、左上＝果実時、左下＝葉

シナサワグルミ

支那沢胡桃／別名カンポウフウ・カンペイジュ
クルミ科
Pterocarya stenoptera

シナとつくのは中国原産による。サワグルミの仲間は世界に10種あり大半が中国に分布し日本にはサワグルミが山地に自生する。シナサワグルミはサワグルミに似ているが環境適応力があり、公園や街路樹として利用されている。日本に導入されたのは、明治初年。生長がよく大木になった株も見かける。羽状複葉の葉軸(ようじく)に翼(よく)があるのが特徴。ヌルデの葉にも翼が出るが、小葉の数がヌルデより多く(11～23個)樹形が違うのを手がかりに見分けるとよい。実は翼のある数珠のように細長く垂れ下がる。クルミの仲間だがシナサワグルミもサワグルミも実は食べられない。

◇**由来**　中国中部～北部原産
◇**よく見る場所**　公園・庭・街路
◇**花の時期**　5月
◇**果実の時期**　秋、褐色に熟す

ヤマモモ　常緑高木。高さ6-10m。葉は互生、長さ5-10㎝幅1.5-3㎝。雌雄別株。雄花序は長さ2-3.5㎝、雌花序は長さ1㎝ほど。果実は径1.5-2㎝。写真：右＝果実時、左上＝花時（雄花）、左下＝雌花

ヤマモモ

山桃・楊梅
ヤマモモ科
Myrica rubra

暖地の山地に生える高木で、樹形が美しく公害や乾燥にも強いので、庭園樹や公園樹、街路樹に利用される。雌雄別株で、雄花も雌花も花弁も萼（がく）もない原始的な花。夏に熟す実は甘酸っぱく、生食のほかジャムや果実酒の材料になるが、日持ちしないので広く流通することはなく関西以西で消費される。四国の一部では塩をまぶして食べる。樹皮はタンニンを多く含みモモ皮といって魚網などを染める褐色の染料とした。葉は若い枝ではわずかに浅い鋸歯（きょし）が出る。ヤマモモの名は山に生える食べられる実のなる木の意味。

◇**分布**　本州（関東以西）～沖縄、中国中南部、台湾、フィリピン
◇**よく見る場所**　公園・庭園・庭・街路・広場
◇**花の時期**　3～4月
◇**果実の時期**　6月、暗赤紫色に熟す。食べられる

クリ　落葉高木。高さ17m径1mほど。葉は互生、長さ7-14㎝幅5-15㎝。雌雄同株。雄花の花序は長さ13-23㎝。果実は堅果。写真：右上＝花序基部の雌花と雄花、右下＝花時、左＝果実時

クリ

栗／別名ニホングリ
ブナ科
Castanea crenata

山地に生える野生のクリで栽培グリの原種。甘栗用のチュウゴクグリ、マロングラッセ用のヨーロッパグリに対してニホングリとも呼ぶ。材は薪(たきぎ)や炭のほか、堅く腐りにくいので枕木、屋根板、家の土台などにも使われた。梅雨の頃に咲く花は、花粉を昆虫に運んでもらう虫媒花なので強く青臭く匂う。古くから食用に栽培され、三内丸山(さんないまるやま)遺跡（縄文前期）から出土したクリはすでに野生のものではないという。堅果(けんか)は花が咲いた年の秋に熟し、イガのある殻斗(かくと)の中に普通三つの堅果が包まれている。イガは鋭くて触ると非常に痛く、熟す前の実を動物たちから守っている。

◇**分布**　北海道南部〜四国・九州、朝鮮
◇**よく見る場所**　庭・畑・雑木林
◇**花の時期**　6〜7月、匂いがある
◇**果実の時期**　9〜10月、褐色に熟す。食べられる

ブナ　落葉高木。高さ30m径1.5mほど。葉は互生、長さ4-9㎝幅3-5㎝。雌花の総苞は径1㎝ほど。果実は長さ1-1.5㎝。写真：右上＝果実時、右下＝雄花（下向き）と雌花、左上＝ブナ林の紅葉、左下＝堅果

ブナ

山毛欅・橅／ブナノキ・ソバグリ・シロブナ
ブナ科
Fagus crenata

ブナは日本固有の落葉広葉樹で冷温帯域に広く分布している。ブナは土壌の深い肥沃（ひよく）な場所に生え、多雪地帯で極相林をつくる。保水力があるとされるが、ブナの根に保水力があるのではなく、保水力がある土壌に生えるので、植えれば保水力が増すわけではない。白神山地のブナ林が世界自然遺産に指定されたためブナの名が知られるようになり、都会でも植えるようになった。堅果（けんか）は花の咲いた年の秋に成熟し、短い刺（とげ）のある殻斗（かくと）に包まれている。堅果は長さ1㎝程度で三角形のソバの実に形が似て生食でき、脂肪分が多くとてもおいしい。

◇分布　北海道南部～九州
◇よく見る場所　公園
◇花の時期　5月
◇果実の時期　10月、赤褐色に熟す。食べられる

イヌブナ　落葉高木。高さ25m径70㎝ほど。葉は互生、長さ5-10㎝幅2.5㎝ほど。雌花の総苞は径5㎜ほど。果実は長さ1-1.2㎝。写真：左＝イヌブナの果実期

イヌブナ

犬山毛欅／別名クロブナ
ブナ科
Fagus japonica

雪深い山地に多いブナに対して、それほど雪が降らない温帯、暖帯の山地に自生する。太平洋側に多く、ブナよりも少し低い山地を好む。よく株立ちする。建築や船舶、器具の材料、マッチの軸木として使われた。葉はブナよりも大きく、10～14対の側脈がある（ブナは7～11対）。堅果(けんか)は花の咲いた年の秋に成熟してブナに似るが、殻斗(かくと)に完全に包まれておらず、先がのぞいている。脂肪分が多く、森の動物たちにとっては冬越しのための重要な食料となる。イヌブナの名は材がブナよりも劣ることから、別名クロブナはブナに比べて樹皮が黒っぽいことからつけられた。

◇**分布**　本州（岩手以南）・四国・九州北部
◇**よく見る場所**　公園
◇**花の時期**　4～5月
◇**果実の時期**　10月、黒褐色に熟す

ウバメガシ　常緑高木。高さ3-5m。葉は互生、長さ3-6cm幅1.5-3cm。雌雄同株。雄花序は長さ2-2.5cm。果実は長さ1-2cm。写真：右上＝花時（雄花）、右下＝熟した果実

ウバメガシ

姥目樫・姥芽樫／別名ウバシバ・ウマメガシ
ブナ科
Quercus phillyraeoides

太平洋側の暖地の山や沿岸で見られ、生長が遅い。葉の硬い硬葉樹のグループで、地中海原産の樹皮からコルクを採るコルクガシの仲間。材は緻密（ちみつ）で堅く備長炭の材料にされる。ウバメガシの備長炭は火力が強く火持ちがよく鉄のように堅い。いまは炭材に使える太さの木が減ってきている。安い備長炭はマンクローブからつくられた輸入品である。刈り込みに強いので生垣や庭木にされる。ドングリ（堅果（けんか））は花の咲いた翌年の秋に熟し、楕円形。ウバメガシの名は新芽が濃い褐色で、姥の目の色または馬の目の色に似るから。新芽はタンニンを含み、お歯黒にも使われた。

◇**分布**　本州（神奈川以南）～沖縄、中国、台湾
◇**よく見る場所**　公園・庭園
◇**花の時期**　4～5月
◇**果実の時期**　翌年の秋、褐色に熟す

クヌギ　落葉高木。高さ15m。葉は互生、長さ8-15㎝幅2-4㎝。雄花序は長さ10㎝ほど。果実は径2-2.3㎝。
写真：（右頁）左列4枚＝葉の変異、（左頁）右上＝若い果実、右下＝樹皮、左上＝花時、左下＝雄花序

クヌギ

櫟・橡・櫪
ブナ科
Quercus acutissima

低山や里山の雑木林を代表する落葉樹。葉には針状の鋸歯があり、アベマキやクリによく似るが、クリとは鋸歯に葉肉がつかないこと、アベマキとは葉裏の緑色が濃いことで区別できる。薪や炭材として全国に植えられた。クヌギで焼いた菊炭は良炭として産地名をつけて売られた。材は器具や船、荷車の材料、落ち葉は堆肥、堅果は豚の飼料と幅広く利用されていたが、いまはシイタケの原木に使われる程度。ドングリは花の咲いた翌年秋に成熟し、斜面ではよく転がる。童謡『どんぐりコロコロ』や「ドングリまなこ」のドングリはクヌギだろう。殻斗は鱗片が反り返る。

◇**分布**　本州（岩手・山形以南）～沖縄、朝鮮
◇**よく見る場所**　公園・雑木林
◇**花の時期**　4～5月
◇**果実の時期**　翌年の秋、褐色に熟す

カシワ　落葉高木。高さ15m径60㎝ほど。葉は互生、長さ12-32㎝幅6-18㎝。雌雄同株。雄花序は長さ10-15㎝。果実は長さ1.5-2㎝。写真：右上＝花時（雄花序）、右下＝雌花、左上＝実、左下＝樹皮

カシワ

柏・槲・檞／別名モチガシワ・カシワギ
ブナ科
Quercus dentata

カシワといえば柏餅が思い浮かぶが、昔はカシワの葉で餅を包んだのは東日本でのこと。関西方面では平地では育たないため、サルトリイバラなど別の葉を利用した。いまでは塩漬けで周年利用できる。ただし、その大半が輸入品。褐色に色づいた枯れ葉は冬でも落ちずに枝先に残る。赤く紅葉することもある。古くは樹皮や葉からタンニンを採り染料とした。薪（たきぎ）や炭、庭木や建築、家具の材料にもされる。ドングリは花の咲いた年の秋に熟し、クヌギやアベマキに似る。殻斗（かくと）は紙質の鱗片（りんぺん）が反り返る。カシワの名は炊ぐ（かしぐ）葉から転じた。食物を盛る葉に使われたことによる。

◇**分布**　北海道〜九州、南千島、朝鮮、中国、台湾
◇**よく見る場所**　公園・庭
◇**花の時期**　5〜6月
◇**果実の時期**　秋、褐色に熟す

コナラ　落葉高木。高さ15m径60㎝ほど。葉は互生、長さ7.5-10㎝幅2.5-7㎝。雌雄同株。雄花序の長さは2-6㎝。果実は長さ1.6-2.2㎝幅0.8-1.2㎝。写真：右上＝花時、右下＝葉、左上＝雄花、左下＝紅葉

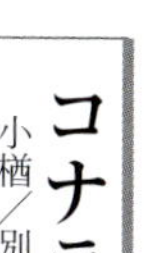

コナラ

小楢／別名ハハソ・ホホソ
ブナ科
Quercus serrata

里山の雑木林を代表する落葉樹。葉は鋭い鋸歯（きょし）があり変異も多く、ミズナラに似るが、葉柄の長さ1～2㎝とミズナラ（0～5㎜）より長いことで区別できる。薪（たきぎ）や炭、器具や建築の材料、シイタケの原木にされ、樹皮はタンニンを多く含み染色にも利用された。ドングリは花の咲いた年の秋に成熟し、殻斗（かくと）は浅めで鱗状になる。この樹液に多くの昆虫類が集まり、特にカブトムシやクワガタ類などの甲虫類が目立つ。ドングリにはコナラシギゾウムシなど甲虫類の幼虫が巣食っていることが多い。コナラの名は葉の大きなミズナラ（別名オオナラ）に対し葉が小さいことから。

◇**分布**　北海道～九州
◇**よく見る場所**　公園・雑木林
◇**花の時期**　4～5月
◇**果実の時期**　秋、褐色に熟す

シラカシ　常緑高木。高さ20m径80㎝ほど。葉は互生、長さ7-14㎝幅1.5-2.5㎝。雌雄同株。雄花序は長さ5-12㎝。果実は長さ1.5-2㎝。写真：上＝花時、下＝果実時

シラカシ

白樫・白橿／別名ホソバガシ・ササガシ
ブナ科
Quercus myrsinaefolia

シラカシは寒さに強いので特に関東でよく見られ、西のアラカシに対し東のシラカシといわれる。有用材が取れるので、かつては平地で植え殖やしていた。カシ類の材は一般に堅いが、なかでもシラカシは粘りがあり良質とされ、薪（たきぎ）や炭、器具や建築、楽器などの材料に使われた。いまは公園樹や生垣に多い。ドングリは花の咲いた年の秋に成熟し、卵形で長さ1.5～2㎝、タンニンを多く含み渋い。殻斗（かくと）には6～8個の輪があり、灰色の毛が密生している。新芽は美しい赤褐色となる。シラカシの名は材がアカガシの材と比べて白いことからついた。

◇**分布**　本州（福島・新潟以南）～九州、朝鮮、中国
◇**よく見る場所**　公園・街路・雑木林
◇**花の時期**　5月
◇**果実の時期**　10月、褐色に熟す

アラカシ　常緑高木。高さ18m径60cmほど。葉は互生、長さ7-12cm幅2.5-6cm。雌雄同株。雄花序は長さ4-10cm。果実は長さ1.5-2cm。写真：右上＝雄花序、右下＝雌花、左上＝果実時、左下＝果実

アラカシ

Quercus glauca

ブナ科

粗樫／別名ナラバガシ

全国的によく見られるが特に関西を代表するカシで、材は堅く薪（たきぎ）や炭、器具や建築、船などの材料に使われた。いまはシイタケの原木にされる。樹皮はタンニンを多く含み、染色にも利用された。ドングリ（堅果（けんか））は花の咲いた年の秋に熟し、卵円形で長さ1.5～2cm、黒い縦縞が目立つ。殻斗（かくと）には5～7個の輪があり、灰色の毛が密生している。新芽は美しい赤褐色で細かい毛に覆われる。これは幼い葉を紫外線や虫の食害から守るため。生垣にも使われるが、うどん粉病にかかりやすいのが難点。うどん粉病は菌が原因で起こるので、4月から殺菌剤を月2回ほど散布する。

◇**分布**　本州（宮城以西）～九州、朝鮮、中国、台湾、インドシナからヒマラヤまで
◇**よく見る場所**　公園・生垣・雑木林
◇**花の時期**　4～5月
◇**果実の時期**　10月、褐色に熟す

スダジイ　常緑高木。高さ20m。葉は互生、長さ5-15cm。雌雄同株。雄花序は長さ8-12cm雌花序は8cm。果実は径1.2-2cm。写真：右上＝花時、右下＝果実時、左上＝シイの巨樹日本一の木の幹、左下＝堅果

シイ（スダジイ）

椎（スダ椎）／別名イタジイ・ナガジイ
ブナ科
Castanopsis sieboldii

照葉樹林を代表する常緑樹。暖地の山地や寺社で巨木が見られる。庭木や防風・防火樹、建築や器具、船の材料、シイタケの原木などに使う。樹皮から採ったタンニンを魚網を染めるために利用した。葉は厚い皮質で裏は金茶色、光沢がある。花粉を昆虫に運んでもらう虫媒花なので花期に強く匂う。ドングリはシイの実と呼ばれ、花の咲いた翌年の秋に熟する。殻斗（かくと）は実をすっぽり包んでいるが熟すと3つに裂け、長さ1～2cm程度の水滴形の実を落とす。この実はタンニンをほとんど含まないので生食できる。別名イタジイは生育環境により板状の根が発達するから。

◇**分布**　本州（福島以西）～九州、朝鮮
◇**よく見る場所**　公園・庭・寺社／防火樹・防風林
◇**花の時期**　5下旬～6月、強い匂いがある
◇**果実の時期**　翌年の秋、黒褐色に熟す。食べられる

マテバシイ　常緑高木。高さ15mほど。葉は互生、長さ8-16㎝幅3-7㎝。雌雄同株。雄花序は9-10㎝、雌花序は5-9㎝。果実は長さ2-3㎝。写真：右＝雌花序、左上＝花時（雄花序）、左下＝堅果

マテバシイ

別名マテガシ・マテバガシ・マタジイ
ブナ科
Lithocarpus edulis

もともと九州や沖縄の木で、古い時代に人の手で海沿いに運ばれた。現在は公園樹や庭園樹、街路樹として関東でも普通に見られる。かつて材は薪（たきぎ）や炭にされ、千葉県あたりでは枝をアサクサノリのヒビとして干潟に立てた。厚い皮質の葉は寿命が3年以内で、多くは梅雨前に茶色に変色して少しずつ落葉する。虫媒花なので、花時にはシイのように強く匂う。ドングリ（堅果（けんか））は2～3㎝の大きな弾丸形で殻が非常に堅くお尻の部分が凹む。花の咲いた翌年の秋に熟する。成熟したドングリはタンニンが少なく生で食べられ、九州ではお酒もつくられる。

◇**分布**　本州～沖縄の暖地
◇**よく見る場所**　公園・庭園・街路
◇**花の時期**　6月、強い匂いがある
◇**果実の時期**　翼年の秋、褐色に熟す、食べられる

アカシデ　落葉高木。高さ15m径30cmほど。葉は互生、長さ3-7cm幅2-3.5cm。雌雄同株。雄花序は長さ4-5cm。果実は長さ3.5mmほど。写真：右上＝果実時、右下＝花時、左上＝紅葉時、左下＝果実

アカシデ

赤四手／別名ソロノキ・ソロ・コソネ・コシデ
カバノキ科
Carpinus laxiflora

シデの仲間の中でもアカシデは、開花時には雄花穂が褐色になり遠目でもそれとわかる。シデの名は、花穂の形を四手（垂・紙垂）に見立てたもの。四手は神前に供える玉串や注連縄などにつける白い布や紙でつくった短冊状の飾りで、祭事や神事の供え物にもそえて清めの印や豊作の稲穂を象徴したもの。

アカシデは造園材として日本庭園に使われる。樹皮には白い縦縞模様が出る。材は堅くて粘りがあることから、農具の柄や家具材に用いられ、ピアノのアクション部分にも用いられる。幹は大木になると凸凹がはげしくなりやすい。

◇**分布**　北海道～九州、朝鮮
◇**よく見る場所**　庭園・雑木林
◇**花の時期**　4～5月
◇**果実の時期**　8～9月、茶褐色に熟す

イヌシデ　落葉高木。高さ10-15m径30㎝ほど。葉は互生、長さ4-8㎝幅2-4㎝。雌雄同株。雄花序は長さ4-5㎝。果実は長さ4.5㎜ほど。写真：右上＝新芽時、右下＝葉、左上＝果実時、左下＝花時

イヌシデ

犬四手／別名シロシデ・ソネ・ソロ
カバノキ科
Carpinus tschonoskii

イヌシデは、葉が出る前に雄花穂が目立ち、一斉に花粉を飛ばす風媒花。この花穂が下がった様を四手にたとえた。全体にアカシデより大きく、今年伸びた枝に白毛が密生し、2年目以降の枝には毛はなく、赤褐色で丸い小さな皮目が多い。シデ類を見分けるときには実についた羽の形が重要な手がかりになる。イヌシデは片側にギザギザがない。伐採後、クヌギ、コナラ同様にひこばえ（萌芽〔ほうが〕）で更新するため薪炭材として利用される。

正体のわからない木を各地でナンジャモンジャといったが、イヌシデも新潟県でそう呼ばれていた。

◇**分布**　本州（岩手・新潟以南）～九州、朝鮮、中国
◇**よく見る場所**　公園・雑木林
◇**花の時期**　4～5月
◇**果実の時期**　10月頃、褐色に熟す。

シラカバ　落葉高木。高さ10-25m径20-40㎝。葉は互生、長さ5-8㎝幅4-7㎝。雌雄同株。雄花序は長さ5-7㎝。果実は長さ2-3㎜。写真：右＝若い花穂、左上＝樹皮、左下＝果実時

シラカバ

白樺／別名シラカンバ・カバ・カバノキ

カバノキ科

Betula platyphylla var. *japonica*

高原のシンボルとして名を知られ、登山やハイキングの途中で白い幹を見かけた方も多いだろう。白い樹皮はとにかく目立つ。中部山岳地帯では標高1500m以上になると幹が褐色がかったダケカンバが見られる。

シラカバは春の代表的な風媒花で、北海道では花粉症の主な原因となっている。陽樹のため日当たりがよければ初期の生長は早く、パイオニアプランツ（先駆樹種）として、裸地にいち早く侵入し一斉林を形成する。白い樹皮にはベチュリンが含まれ抗菌作用が強く、材が腐っても樹皮が残る。樹液を採取して飲料として利用する。長野県の県木。

◇**分布**　本州（福井・岐阜以北）・北海道、千島、サハリン〜シベリア東部

◇**よく見る場所**　公園・庭園・庭

◇**花の時期**　4月頃

◇**果実の時期**　10〜12月、褐色に熟す

ハンノキ　落葉高木。高さ10-20m径10-60㎝。葉は互生、長さ5-13㎝幅2-5.5㎝。雌雄同株。雄花序は長さ4-7㎝。果実は長さ1.5-2㎝。写真：右上＝果実時、右下＝新芽、左上＝花時、左下＝蕾時

ハンノキ

榛の木
カバノキ科
Alnus japonica

平地の湿原に多く見られ、浅い水中でも生育できる。耐湿性が強い木といえばヤナギとハンノキだが、ヤナギは溶存酸素が必要なので流水でないと育たない。ハンノキは根が水に浸りっ放しになると皮目が縦に大きくなり、根に空気を回して適応する。根に根粒バクテリアを共生させ、空気中の窒素を固定し痩せた土壌を肥沃にする。関東の水田地帯では刈り取った稲を乾燥させるためハンノキを稲架木（はざぎ）に利用するところもある。荒川の氾濫原にはハンノキの河畔林があるが、堤防により乾燥化が進み衰退している。果実や樹皮にはタンニンが多く染料として利用される。

◇分布　北海道〜九州、千島、ウスリー、朝鮮、中国
◇よく見る場所　公園・河畔
◇花の時期　11月（暖地）、4月（寒地）
◇果実の時期　10月、黒褐色に熟す

ヤブツバキ　常緑高木。高さ15mほど。葉は互生、長さ6-12㎝幅3-7㎝。花は径5-7㎝。果実は径2-2.5㎝。写真：右＝花時（迎賓館中庭）、左上＝花、左下＝果実（上は果皮が割れて種が見えている）

ヤブツバキ

藪椿／別名ツバキ・ヤマツバキ
ツバキ科
Camellia japonica

ツバキの仲間は150種ほどあり、特に中国に自生種が多く雲南あたりが発祥地という。日本には古い形質を残すヤツブバキのみが自生する。ヤブツバキは種（たね）に樹脂を多く含み椿油を生産する。ユキツバキは日本海側の豪雪地帯だけに分布し、ヤブツバキの変種とされる。花には香りがないが、紅い色は鳥の目に映りやすく蜜が多いためメジロ（日本の蜜吸い）が訪れて花粉を媒介する。花弁は萼（がく）の部分から丸ごと落ちる。江戸時代、二代将軍徳川秀忠がツバキを好んだためツバキの園芸熱が高まり、江戸椿、京椿、肥後椿など各地に特徴のある品種の改良が進められた。

◇**分布**　本州～九州・沖縄、中国、台湾
◇**よく見る場所**　公園・庭園・庭・街路
◇**花の時期**　11～12月、2～4月
◇**果実の時期**　10月、黒褐色に熟す

サザンカ　常緑高木。高さ12m径30㎝ほど。葉は互生、長さ4-8㎝幅1-3㎝。花は径5-8㎝。果実は径1.5-1.8㎝。写真：右上＝爪紅の園芸品種、右下＝果実期、左上＝自生種の花、左下＝八重の園芸品種

サザンカ

山茶花／漢名茶梅・茶梅花
ツバキ科
Camellia sasanqua

サザンカは山茶花と書くが、中国で山茶花といえばツバキをさし、サザンカは茶梅または茶梅花と書く。10月になると花が咲き始める。自生種の花は白色で香りがあり、ハエやアブが寄ってきて受粉の手助けをする。ツバキとの区別点は子房に毛が密生することと花弁が一枚一枚バラバラに散ること。サザンカでは今年伸びた枝に褐色の細かい毛が生えるが、ツバキはつるつる。ツバキは海岸沿いに自生するため葉に光沢があるが、サザンカは山に生え光沢がない。サザンカの園芸品種には赤やピンクの花がある。ツバキと交配して花の色をつけたのは人間の好みの結果だ。

◇**分布**　本州（山口以南）・四国・九州
◇**よく見る場所**　公園・庭園・庭・街路
◇**花の時期**　10～12月、香りがある
◇**果実の時期**　翌年の9月、茶褐色に熟す

チャノキ　常緑低木。高さ1-2m。葉は互生、長さ5-9㎝幅2-4㎝。花は径2-3㎝。果実は径1㎝ほど。
写真：右＝花、左上＝果実時、左下＝葉（上は裏、下は表）

チャノキ

茶の木
ツバキ科
Camellia sinensis

チャには中国雲南地方起源の小葉茶とアッサム起源の大葉茶（アッサムチャ）があり、日本では小葉種が栽培される。緑茶、ウーロン茶、紅茶は、茶葉の発酵程度の違いにより、緑茶は葉にある酵素を熱で処理して不活性にした不発酵茶、ウーロン茶は半発酵茶、紅茶は発酵茶で主に大葉茶からつくるが、最近は小葉種からもつくる。中国では白・黒・黄・青茶もある。

日本では鎌倉時代、宋に留学していた栄西が種(たね)を持ち帰り宇治に植えてから栽培が始まったといわれる。その後、伊勢、静岡、狭山に伝わって藪北(やぶきた)などの耐寒性品種ができた。

◇**由来**　中国南西部、台湾、インドシナ北部原産
◇**よく見る場所**　庭・茶畑
◇**花の時期**　10～11月、香りがある
◇**果実の時期**　翌年の11月頃、茶褐色に熟す

モッコク　常緑高木。高さ10-15m径80㎝。葉は互生、長さ4-6㎝幅1.5-2.5㎝。花弁の長さ8-10㎜。果実は径1-1.5㎝ほど。写真：右上＝果実期、右下＝裂開した果実、左上＝樹形、左下＝花

モッコク

木斛・樠／別名アカミノキ・モクコク
ツバキ科［サカキ科］*Ternstroemia gymnanthera*

モッコクは葉の艶や枝ぶりに気品があり整った樹形になるので庭木としてよく植えられている。葉に艶があるのは海岸近くに自生するため。新年の縁起物として、センリョウ、マンリョウ、アリドオシをモッコクとあわせて箱庭につくり縁起をかつぐ風習があった。「千両、万両のお金が木の斛（ます）でかき集められ、いつもお金が有り通し」と洒落たもの。材は赤色で堅く首里城正殿にも使われている。樹皮にはタンニンが多く含まれ、茶褐色の染料を採る。モチノキ（モチノキ科）、キンモクセイ（モクセイ科）と合わせて庭木御三家といわれる。

◇**分布**　四国・九州・沖縄、朝鮮、中国、東南アジア
◇**よく見る場所**　庭園・庭
◇**花の時期**　6～7月
◇**果実の時期**　11～12月、赤褐色に熟す

ヒメシャラ　落葉高木。高さ15m径90cmほど。葉は互生、長さ4-8cm幅2-3cm。花は径1.5-2cm。果実は径1cmほど。写真：右上＝花時、右下＝蕾、左＝樹皮

ヒメシャラ

姫沙羅／別名アカラギ・サルナメリ・コシャラ
ツバキ科
Stewartia monadelpha

ヒメシャラはナツツバキ（シャラノキ）に比べて花と葉が小ぶりのために名づけられたが、幹はヒメシャラのほうが太くなる。都会では新築の家の庭に好んで植えられるのがヒメシャラとサツキ。ヒメシャラはあまり剪定（せんてい）しなくても枝が暴れず、洋風の家に合い、冬には落葉して日差しを遮らない点も好まれるようだ。ただ、植込みの土の量が少ないと夏場の高温乾燥期に水が不足して先端が枯れ込み哀れな姿になってしまう。狭い庭では夏場はせめて日に1回は灌水してあげたい。灌水は表面がぬれる程度ではなく、たっぷりと。樹高2mもあれば10リットルは必要となる。

◇**分布**　中国地方を除く本州西部・四国・九州
◇**よく見る場所**　公園・庭園・庭
◇**花の時期**　5月
◇**果実の時期**　9〜10月、褐色に熟す

ナツツバキ　落葉高木。高さ15m径60㎝ほど。葉は互生、長さ4-10㎝幅2.5-5㎝。花は径3-4㎝。果実は長さ2㎝幅1.5㎝ほど。写真：右＝樹皮、左上＝花、左下＝紅葉

ナツツバキ

夏椿／別名シャラノキ
ツバキ科
Stewartia pseudo-camellia

ナツツバキは別名シャラノキ（沙羅の木）ともいう。この世の無常観を詠った有名な『平家物語』の冒頭文に登場する「沙羅双樹の花の色盛者必衰の理（ことわり）をあらわす」の「沙羅双樹」はフタバガキ科のサラノキ（サラソウジュ・シャラノキ）のこと。マメ科のムユウジュ、クワ科のインドボダイジュとともに仏教三大聖樹の一つに数えられ、釈迦（しゃか）の入滅のとき四方にこの木が二本ずつ生えていたと伝えられている。沙羅は白い花が咲くと仏典にあるため身近に自生するナツツバキをシャラノキに見立てて別名となった。初夏に咲く白い花は一日花。幹は鹿の子模様にはがれる。

◇**分布**　本州・四国・九州、朝鮮南部
◇**よく見る場所**　公園・庭園・庭
◇**花の時期**　6〜7月
◇**果実の時期**　10月、褐色に熟す

サカキ　常緑高木。高さ8-10m径20-30㎝。葉は互生、長さ7-10㎝幅2-4㎝。花は径1㎝ほど。果実は径7-8㎜。写真：右上＝花時、右下＝新芽時、左下＝果実

サカキ

榊／別名マサカキ・ホンサカキ
ツバキ科［サカキ科］
Cleyera japonica

サカキは枝葉を神棚や祭壇に供える神事には欠かせない木である。昔はサカキ、ヒサカキ、シキミ、クスノキなど、神事に用いる木を広く賢木（さかき）と言った。賢木は常緑で、栄えることから「栄木（さかえぎ）」、神と人との境にあることから「境木（さかえぎ）」の転じたものといわれる。神道は関西で盛んになったため、身近に生えているサカキが神事で使用されるようになった。関東以北ではサカキがないために近縁種のヒサカキを代用する。サカキの白い花は香りがよい。枝先の葉芽は大きな鎌型でよく目立ち、葉の縁には鋸歯（きょし）がなく、この点からもヒサカキと区別できる。

◇**分布**　本州（茨城以西）～九州、朝鮮、中国、台湾
◇**よく見る場所**　庭・神社
◇**花の時期**　6～7月、香りがある
◇**果実の時期**　10月、黒紫色に熟す

ヒサカキ　常緑亜高木。高さ4-7m。葉は互生、長さ3-7㎝幅1.5-3㎝。花は径2.5-5㎜。果実は径4㎜ほど。写真：左上＝果実時、左下＝雌花

ハマヒサカキ　常緑低木。高さ4mほど。葉は互生、長さ2-4㎝。花は径4-5㎜。果実は径5㎜ほど。写真：（右頁）左上＝果実時、（左頁）右上＝花時、右下＝葉

ヒサカキとハマヒサカキ

柃・姫榊／別名イチサカキ・ヒサギ、浜柃

ツバキ科［サカキ科］

ヒサカキ*Eurya japonica*、ハマヒサカキ*E. emarginata*

ヒサカキの名は葉が小さいことから「姫榊」とも、サカキにあらずから「非榊」ともいわれる。花は早春に咲き、独特の香りがあるが、これは都市ガスの匂いに似て悪臭に近い。雌雄別株で雄花の匂いのほうが強烈だ。花粉を運ぶ昆虫をまず雄木の花に誘い花粉をつけてから近くの雌木に行かせる戦略が見える。

ハマヒサカキは、樹形や花のつき方はそっくりだが、ヒサカキの葉は先がとがり、ハマヒサカキの葉は先が丸く縁が裏側に反り返る。ハマヒサカキの葉に光沢があるのは潮風対策のクチクラ層が発達しているため。

◇**分布**　ヒサカキ本州（岩手以西）～九州・沖縄、朝鮮南部、ハマヒサカキ本州（中南部）～沖縄

◇**よく見る場所**　公園・庭園・庭・植込み

◇**花の時期**　ヒサカキ3～4月、香りがある　ハマヒサカキ10～11月

◇**果実の時期**　ヒサカキ10月、ハマヒサカキ10月

キーウィ　落葉つる性木本。つるの長さ数十m。葉は互生、長さ5-17㎝ほど。雌雄別株。雌花は径3-4㎝、雄花は少し小さい。果実は長さ3-8㎝。写真：右＝果実時、左上＝雌花、左下＝雄花

キーウィ

Kiwi berry／別名オニマタタビ・シナサルナシ
マタタビ科
Actinidia chinensis

中国の長江沿岸に自生しているオニマタタビをニュージーランドに導入し、栽培したのがきっかけで、一九一〇年に初めて結実に成功した。その後、改良を重ねて現在世界中で食べているキーウィフルーツができた。実の形がニュージーランドの国鳥キーウィに似ているために名づけられた。中国では古くから果樹とし、漢方薬としても利用していた。

日本にあるマタタビやシマサルナシの仲間なので、実の形や味もよく似ている。現在、キーウィの毛にアレルギーがある人のためにサルナシと交配して毛のないキーウィがつくられている。

◇**由来**　中国原産種から改良された果樹
◇**よく見る場所**　庭
◇**花の時期**　５月下旬頃、香りがある
◇**果実の時期**　晩秋、茶褐色に熟す。食べられる

サルナシ　落葉つる性木本。つるは長さ30m径10-15㎝。葉は互生、長さ6-10㎝幅4-7㎝。雌雄別株。花は径1-1.5㎝。果実は径2-2.5㎝。写真：右下＝果実期、左上＝雌花

サルナシ

猿梨／別名シラクチヅル・コクワ・ミズヅル
マタタビ科
Actinidia arguta

全国の山地に自生するつる植物で、樹木などに巻きついて立ち上がる。生長が早くつるも丈夫で腐りにくいため、かずら橋の材料などにされる。秋に熟す実は表面に毛がなく緑黄色だが味はオニマタタビ（キーウィフルーツ）にそっくりで甘酸っぱくおいしい。森の動物たちにとってもご馳走で、特に熊（ツキノワグマ、ヒグマ）たちの大好物である。この実はマタタビと同様に果実酒にもなる。全体にマタタビに似ているが、夏の頃に葉が白くならないこと、雄花の葯（やく）が黒いことで容易に区別できる。サルナシは「猿梨」で、山の猿が食べる梨の意。別名コクワともいう。

◇**分布**　北海道〜九州、千島〜ウスリー、朝鮮、中国
◇**よく見る場所**　庭
◇**花の時期**　5〜7月、香りがある
◇**果実の時期**　10月頃、緑黄色に熟す。食べられる

キンシバイ　半常緑低木。高さ1mほど。葉は対生、長さ3-6㎝。花は径5㎝。写真：左上＝花時

ビヨウヤナギ　半常緑低木。高さ1mほど。葉は対生、長さ3-8㎝。花は径5㎝ほど。写真：右＝花時、左下＝紅葉

キンシバイとビヨウヤナギ

金糸梅、未央柳・美容柳
オトギリソウ科
キンシバイ*Hypericum patulum*、ビヨウヤナギ*H. chinensis*

どちらもオトギリソウの仲間で、この仲間は北半球の温帯に広く分布し、日本にもオトギリソウやトモエソウなどが自生する。オトギリソウの名には、薬効の秘密を弟が漏らし怒った兄が切り殺したのが名の由来になったなどという説話もある。

キンシバイもビヨウヤナギも中国原産で江戸時代に導入された。最近は都会で公園や花壇、街路樹の根締めに植えられる。初夏から夏、花が少なくなった頃に鮮やかな黄色に街を飾っている。花屋でヒペリカムと呼んで売っている紅色の実はこの仲間の実で、ヒペリカムはオトギリソウの属名による。

◇**由来**　中国原産
◇**よく見る場所**　公園・庭園・庭・根締め
◇**花の時期**　6～8月（ビヨウヤナギは7月頃まで）
◇**果実の時期**　秋、褐色に熟す

ホルトノキ　常緑高木。高さ10m径40-50㎝。葉は互生、長さ6-12㎝幅2-3.5㎝。花穂の長さ4-8㎝。果実は長さ1.5-2㎝。写真：右上＝花時、右下＝果実、左＝花

ホルトノキ

別名モガシ・ハボソ・シラキ・ヅクノキ
ホルトノキ科
Elaeocarpus sylvestris var. *ellipticus*

潮風に強く沿岸地によく見られ、暖地では各地で庭木、公園樹としても植えられている。果実は食べられ、樹皮からは染料を採り、材は建築材や器具材として利用される。常緑だが、葉は赤く色づいて少しずつ落葉する。ホルトノキの名は「ポルトガルから来た木」が転じたもの。オリーブをホルトノキということがあり、平賀源内がオリーブと間違えて呼んだという逸話もある。別名「モガシ」は鹿児島県の方言。小笠原諸島にはシマホルトノキが自生する。近年ホルトノキ萎黄病が発生し、記念物級の巨樹や街路樹が突然枯れることがあり伝染するので注意してほしい。

◇**分布**　本州（中部以西）～沖縄
◇**よく見る場所**　公園・庭・街路・寺社
◇**花の時期**　6～7月
◇**果実の時期**　11～2月、黒紫色に熟す。食べられる

シナノキ　落葉高木。高さ30m径50-60㎝。葉は互生、長さ4-10㎝幅4-8㎝。花穂の長さは5-8㎝。果実は径5㎜ほど。写真：右＝花時、左上＝果実期、左下＝葉（右は裏、左は表）

シナノキ

科木
シナノキ科［アオイ科］
Tilia japonica

長野県には古くからシナノキが多く、信濃という言い方は、シナノキを産する野の意味ともいわれている。花に芳香があり、集められた蜂蜜は優れた香りをもち高級品とされるので、全国の養蜂家たちは7月半ばともなると北海道のシナノキ林へと大移動する。

樹皮は繊維が強く、アイヌの人々は内皮からしなやかで丈夫な繊維を採り、縄にしたり家屋の屋根を葺くササをこれで編みこんだりした。北海道土産の「木彫りのクマ」はイチイのものもあるが、ほとんどがシナノキでつくられた。詩に詠われたリンデンはセイヨウシナノキ。シナノキ同様に蜜源とする。

◇**分布**　北海道・本州・九州
◇**よく見る場所**　公園・街路
◇**花の時期**　6～7月、レモンのような香りがある
◇**果実の時期**　10月、灰褐色に熟す

ボダイジュ　落葉高木。高さ20m径60㎝ほど。葉は互生、長さ5-10㎝幅4-8㎝。花穂の長さ8-10㎝。果実は径7-8㎜。写真：右＝果実期、左＝花時

ボダイジュ

菩提樹
シナノキ科［アオイ科］
Tilia miqueliana

仏教三霊樹の一つの「菩提樹」と混同されるが、お釈迦様がその木の下で悟りを開いたとされる「菩提樹」はクワ科の熱帯の木インドボダイジュで本種とは別種。「菩提（ぼだい）」とは、仏道または正道のこと。インドボダイジュと葉の形が似ているため、中国や日本では本種が「菩提樹」として寺院に植えられるようになった。日本で広まったのは、栄西が持ち込み植えたのが始まりという説もある。仏教三霊樹のほかの二種は、生誕と結婚にかかわるマメ科の無憂樹（ムユウジュ）と入滅にかかわる沙羅双樹（サラソウジュ）。日本にはオオバボダイジュがあり関東から北の山地に生える。

◇**由来**　中国原産
◇**よく見る場所**　公園・寺院・神社
◇**花の時期**　6月、よい香りがある
◇**果実の時期**　10月、灰褐色に熟す

アオギリ　落葉高木。高さ10-15m径30-60㎝。葉は互生、長さ幅とも16-22㎝。雌雄同株。花穂の長さ20-50㎝。果実は長さ7-10㎝。写真：（右頁）上＝花時、右下＝紅葉、左下＝若い果実、（左頁）＝街路樹

アオギリ

青桐／漢名梧桐
アオギリ科［アオイ科］
Firmiana simplex

枝や幹が緑色で葉がキリに似ているのでアオギリの名がある。緑色の幹でも光合成をしている。生長が早く、剪定（せんてい）にもよく耐えるので公園や街路樹とされる。奄美大島より南に自生するが、耐寒性があり江戸時代から暖地に植えられ野生化している。伊豆下田の白浜神社にある青桐樹林は国の天然記念物。中国では吉兆をもたらす瑞鳥鳳凰（ほうおう）はアオギリの林に棲んでいるとされ、これが日本ではキリと鳳凰の組み合わせになった。秋舟形の果実が割れ縁に直径5㎜ほどのエンドウマメのような丸い種（たね）がつく。種は炒ったり茹でたりして食べられる。樹皮は強く布を織ったりした。

◇**分布**　奄美大島・沖縄、台湾、中国南部
◇**よく見る場所**　公園・庭園・街路
◇**花の時期**　5～7月
◇**果実の時期**　9～10月、灰褐色に熟す

アブチロン　常緑低木。高さ1-1.5mほど。葉は対生、長さ8㎝ほど。花は径5-6㎝ほど。写真：右＝白花の園芸品種、左上＝キフアブチロン、左下＝ウキツリボク（アブチロン属の一種）

アブチロン

Chinese-lantern
アオイ科
Abutilon × hybridum

普通アブチロンといっているのは交雑などでつくられた雑種で多くの園芸品種がある。花はハイビスカスに似ているが、四季咲き性のため環境がよければ冬でも花が見られる。花色も赤、白、ピンク、オレンジ、絞りと多彩。花の寿命は一週間ほどあり一日でしぼむハイビスカスより長く楽しむことができる。

枝先に花芽をつけ、次々に咲くので適度に切り戻しをして樹形を整えるとよい。挿し木でもよく根づき耐寒性があり育てやすいが、本来、熱帯・亜熱帯性のものなので、霜の降りる地方では冬は室内に入れたほうがよい。アブチロンの名はこの仲間の属名による。

◇**由来**　交雑や突然変異からつくられた園芸品種
◇**よく見る場所**　庭・鉢物
◇**花の時期**　春～秋
◇**果実の時期**　ほとんど実らない

ハイビスカス　常緑低木。高さ（1.5-）2-5m。葉は互生、長さ8-12㎝ほど。花は径10-15（-25）㎝。写真：右上・右下＝園芸品種の花、左＝花時

ハイビスカス

Hawaiian Hibiscus
アオイ科
Hibiscus cv.

ハイビスカスの仲間は250種以上あり、二〇世紀の初め頃からハワイで盛んに交配種がつくられるようになった。現在では三千以上の品種が作出され、世界中で植えられている。花も大輪系から中輪、小輪のものまであり、フウリンブッソウゲのように花が下がるものもある。熱帯性の花木ため、温度と光があれば一年中咲き続けるが、10℃以下になる環境では室内での管理が必要になる。

ハイビスカス属には花の美しい種が多くフヨウ、ケナフ、モミジアオイ、ムクゲなども人気がある。日本には黄色い花の咲くハマボウが自生している。

◇**由来**　交雑によってつくられた園芸品種
◇**よく見る場所**　庭・街路・鉢物
◇**花の時期**　一年中
◇**果実の時期**　ほとんど実らない

フヨウ　落葉低木。高さ1-3m。葉は互生、長さ幅とも10-20㎝。花は径10-13㎝。果実は径2.5㎝ほど。
写真：右＝花時、左上＝白花、左下＝裂開した果実（S. Watari）

フヨウ

芙蓉／別名ハチス・キハチス／漢名木芙蓉
アオイ科
Hibiscus mutabilis

フヨウは中国中部原産で、漢名では木芙蓉という。花が大きく美しいため古くから園芸種として植えられていた。琉球列島、九州、四国には野生状態のものが見られるが、栽培が広がる道すがら野生化したと思われる。亜熱帯起源のため7～10月と花期が長いが、寒さには弱いので、関東以北では冬になると地上部が枯れてしまう。一日花で朝に花開き夕方にはしぼむ。八重咲きの品種スイフヨウ（酔芙蓉）の花は咲き初めが白く、昼頃ピンクがかり夕方には赤くなって咲き終わる。花にはほのかな香りがあり、赤色の花は強く、白い花はほとんど香りがしない。

◇**由来**　中国中部原産
◇**よく見る場所**　庭園・庭
◇**花の時期**　7～10月、香りがある
◇**果実の時期**　秋、褐色に熟す

ムクゲ　落葉低木。高さ3m径30㎝ほど。葉は互生、長さ4-10㎝幅2.5-5㎝。花は径5-6㎝。果実は径1.5-2㎝ほど。写真：右上＝園芸品種（S. Watari）、右下＝葉、左＝花時

ムクゲ

木槿・槿／別名ハチス・ユウカゲクサ

アオイ科

Hibiscus syriacus

ムクゲは花の少ない夏に咲くので、広く植えられているが、古くから改良が加えられたために原産地が定かではない。韓国では国花として親しまれ、ムクゲという名も韓国名の無窮花（ムグンファ）をムキュウゲと読んだのが転じたという説がある。江戸時代から国内でたくさんの園芸品種が育成され、岩崎灌園（いわさきかんえん）の『本草図譜』にも記載があり、一重咲き、半八重咲き、八重咲きがある。芽立ちが遅く伸びた枝の先に花芽をつける。花は一日でしぼみ三日目に落ちる。中国では樹皮を木槿皮といって解毒、止痒薬に用いる。繊維は丈夫で製紙原料ともなる。若葉は食べられる。

◇**由来**　中国原産
◇**よく見る場所**　庭園・庭・街路
◇**花の時期**　8～9月
◇**果実の時期**　10月、褐色に熟す

イイギリ　落葉高木。高さ10-15m径40-50㎝。葉は互生、長さ10-20㎝幅8-20㎝。雌雄別株。花穂の長さ20-30㎝。果実は径8-10㎜。写真：右＝雄花、左＝果実期

イイギリ

飯桐／別名イギリ・トウセンダン・ナンテンギリ
イイギリ科［ヤナギ科］
Idesia polycarpa

ナンテンギリの別名のとおり、初冬、ナンテンに似た赤い実を房状につける。赤い実をつける樹木は数多いが、高さ10～15ｍになり、青空を背景に浮かぶ実はそれは見事、とても美しい。落葉後もしばらくこの実は枝に残り、野鳥たちの貴重な餌となる。果実1個の大きさはわずか1㎝ほどだが、その中に2㎜足らずの種子が平均50個ほども入っている。樹皮に皮目(ひもく)が多数あり、特に枝の落ちた痕(あと)が大きな目玉模様となり非常に目立つ。葉がキリの葉に似ていて、その昔、この葉でご飯を包んだことから「飯桐」の名がある。葉には毛がなく飯がつきにくい。

◇**分布**　本州～沖縄、朝鮮、中国、台湾
◇**よく見る場所**　公園・庭園・校庭
◇**花の時期**　4～5月、よい香りがある
◇**果実の時期**　10～11月、赤く熟す

キブシ　落葉低木から小高木。高さ2-4m径5㎝ほど。葉は互生、長さ6-12㎝幅3-6㎝。雌雄別株。花穂の長さ3-10㎝。果実は径7-12㎜。写真：右上＝果実時、右下＝葉・果実、左＝花時

キブシ

木五倍子・木付子／別名マメフジ・マメヤナギ・キフジ
キブシ科
Stachyurus praecox

冬の山野で花穂がかんざしのように下がってよく目につく。葉の出る前に小さなクリーム色の花を一列にぶら下げて咲く。関東地方では「黄藤」と呼ぶことが多い。キブシの名は大量にタンニンを含むこの実が、ヌルデの五倍子(ぶし)の代用になることから、ヌルデのものと区別するために「木五倍子(きぶし)」と呼んだ。江戸時代、既婚者は歯を黒く染める風習があり、「ふしこ」に利用される五倍子よりも入手しやすかったのであろう。枝は中に白い髄(ずい)があり、押すと髄が出てくる。ズイノキ、ツキダシの方言は的を射ている。生薬では通条樹(つうじょうじゅ)として利用される。

◇**分布**　北海道南西部～九州
◇**よく見る場所**　公園・庭園・庭
◇**花の時期**　3～4月
◇**果実の時期**　7～10月、黄褐色に熟す

シダレヤナギ　落葉高木。高さ17m径70㎝ほど。葉は互生、長さ8-13㎝幅1-2㎝。雌雄別株。雄花穂は長さ2-4㎝。雌花穂は長さ1.5-2㎝。果実は長さ3-4㎝。写真：右＝樹形、左上＝雄花、左下＝葉

シダレヤナギ

垂柳・枝垂柳／別名イトヤナギ・シダリヤナギ
ヤナギ科
Salix babylonica

正月飾りに金色や銀色に塗られた枝がある。これは秋に切ったシダレヤナギの枝。いつまでも飾っておくと花瓶の中で根を出し、芽も吹いてくる。枝を水に挿しただけで根を出し、水中にも根を張れる木はヤナギとハンノキだけ。江戸の町は埋め立て地だったので奈良時代に渡来したといわれるシダレヤナギを川端に植えた。銀座のヤナギも同じ由来。都会でヤナギといえばシダレヤナギをさす。全国に多くの野生のヤナギがあるがなじみが薄い。雌花は結実すると綿毛を飛ばすため嫌われ、雄株が挿し木で増殖される。中国では柳は葉の細いヤナギ、楊はポプラを表す。

◇**由来**　中国原産
◇**よく見る場所**　公園・庭園・街路・並木
◇**花の時期**　3〜5月
◇**果実の時期**　果実はほとんど見られない

リョウブ　落葉亜高木。高さ3-6m。葉は互生、長さ6-15㎝幅2-7㎝。花穂の長さ10-20㎝。果実は径3-4㎜。写真：右上＝花、右下＝果実、左＝樹形

リョウブ

令法／別名ハタツモリ
リョウブ科
Clethra barrinervis

日本に自生するリョウブの仲間はこの種のみ。明るい二次林の谷筋などに多く、初夏に白い花をたくさんつける。花には蜜が多いためか、吸蜜に訪れる昆虫類が非常に多い。材を建築、器具などに利用する。樹皮が薄くはがれ滑らかな斑模様になる。その樹皮を残したまま床柱などに使うこともある。近年は鹿に樹皮をはがされる被害が多く枯れてしまうものもある。冬に葉を落とした後は円錐形の冬芽が目立つ。若芽は茹でれば食べられる。律令時代に救荒植物として植えるよう令(りょう)をもって布告されたことから「令法」と書く。万葉集にはハタツモリの名で登場する。

◇**分布**　北海道南部～九州、朝鮮
◇**よく見る場所**　公園・庭園・庭
◇**花の時期**　6～8月、よい香りがある
◇**果実の時期**　10月、褐色に熟す

ツツジ　半常緑低木。高さ1-3mほど。葉は互生。写真：右上＝オオムラサキツツジの園芸品種。花は径7㎝ほど、右下＝クルメツツジの園芸品種、花は径3-4㎝ほど、左＝クルメツツジを主とした植込み。

ツツジ

躑躅
ツツジ科
Rhododendron

ツツジの仲間は世界に850種ほど知られ、日本には約52種が分布する。園芸上は主に4月に咲くものをツツジと呼び、サツキと区別する。野生種や雑種起源の園芸種も多いうえにたくさんの園芸品種がある。都会では公園や街路、生垣にヒラドツツジやオオムラサキツツジがよく使われ、花壇には花の小さいクルメツツジ系が多い。アザレアといっているのはタイワンヤマツツジを中心にヨーロッパで改良された八重咲き品種で、日本には明治初期に導入された。ツツジは酸性土壌を好むため火山灰土の鹿沼土が使われる。根が浅く張り、排水がよい場所でないと育たない。

◇**由来**　交雑による園芸品種が中心
◇**よく見る場所**　公園・庭園・庭・街路
◇**花の時期**　4月
◇**果実の時期**　秋

サツキ　半常緑低木。高さ0.5-1mほど。葉は互生、長さ1-4cmほど。花は径3-5cm。果実は長さ7-10mm。

写真：左上＝サツキの刈り込み、左下＝サツキの花時

サツキ

五月・皐月／別名サツキツツジ
ツツジ科
Rhododendron

サツキの開花はほかのツツジに比べ一ヵ月程度遅い陰暦五月（皐月）頃に咲くのでこの名がついた。江戸時代から盆栽などで親しまれ、サツキツツジ（皐月躑躅）とも呼ばれる。開花の遅い理由は、新しい枝葉が伸びきってから咲くことによる。ほかのツツジは、開花後あるいは開花中に枝葉を伸ばすので、開花期が早くなる。野生のサツキ、マルバサツキを原種として多くの園芸品種がつくられている。サツキにはツツジより変動遺伝子が働きやすく、花に変化が出るため新品種をつくりやすい。サツキは盆栽も盛んだ。専門月刊誌もあるほどで、品種も数千種類にもなる。

◇**由来**　交雑による園芸品種が中心
◇**よく見る場所**　公園・庭園・庭／鉢植え
◇**花の時期**　5～6月
◇**果実の時期**　秋

ヤマツツジ　半落葉低木。高さ1-5m。葉は互生、長さ1.5-5㎝幅0.5-3㎝。花は径4-5㎝。果実は長さ6-8㎜。写真：花時

ヤマツツジ

山躑躅／別名アカツツジ
ツツジ科
Rhododendron obtusum var. *kaempferi*

ヤマツツジは半落葉性低木で、春に伸びた葉は秋に黄色くなり落葉するが、夏から秋に出た葉は春の葉に比べて小さいが越冬する。花の色はピンクがかった朱色で独特な色合い。上方の花びらにだけ斑点があり、この斑点を「蜜標（みつひょう）」とか「ガイドマーク」という。上方の花びらに蜜標があるのは、ツツジの蜜が花の中心ではなく上方の花びらの部分にあることを示す。蜜標により、蜜の存在を積極的にアピールして昆虫を招き寄せ、花粉を運んでもらう戦略である。ツツジ類の種（たね）は非常に細かい。ケシの実より細かい褐色の種を晩秋から冬に確認してみよう。

◇**分布**　北海道南部〜九州
◇**よく見る場所**　公園・庭園
◇**花の時期**　4〜6月
◇**果実の時期**　秋、褐色に熟す

レンゲツツジ　落葉低木。高さ1-2m。葉は互生、長さ5-10㎝幅3-8㎝。花は径5-6㎝。果実は径1-1.2㎝。
写真：右上＝キレンゲツツジの花時、右下＝紅葉、左＝レンゲツツジ

レンゲツツジ

蓮華躑躅／別名オニツツジ・ジゴクツツジ・ドクツツジ
ツツジ科
Rhododendron japonicum

レンゲツツジの名の由来は、高原の草原に大群落をつくり咲く姿が、春先のレンゲソウ畑に似ていることからという。この群落は牛の放牧地で、牛が食べないので群落になる。

ツツジの漢名躑躅（ていちょく）は、足踏みすること、ためらうこと、ちゅうちょすること。羊躑躅は有毒のシナレンゲツツジのことで、誤って食べた羊が毒にあたり躑躅（ていちょく）する様子からつけられた。レンゲツツジの別名ジゴクツツジ、ドクツツジ、オニツツジは、花や葉、根に有毒成分を含むため。痙攣（けいれん）毒であり、呼吸停止で死亡するほど強い。花の色で、コウレンゲ、カバレンゲ、キレンゲ、キレンゲと呼び分ける。

◇**分布**　本州〜九州
◇**よく見る場所**　公園・庭園
◇**花の時期**　5〜6月
◇**果実の時期**　秋、褐色に熟す

シャクナゲ　常緑低木。高さ1.5-2m。葉は互生。写真：右＝ヒマラヤで見たシャクナゲの巨木、高さ15mほどもあった、左上・左下＝セイヨウシャクナゲの園芸品種

シャクナゲ

石楠花・石南花・石南／別名シャクナン
ツツジ科
Rhododendron

シャクナゲはツツジの仲間で、北半球に広く分布している。ヒマラヤ南麓にはシャクナゲ帯と呼ばれる純林があり、そこからプラントハンターにより、イギリスに導入され改良されたのがセイヨウシャクナゲのグループ。庭園や庭あるいは鉢植えで見られるのはセイヨウシャクナゲが多い。日本のシャクナゲは高山に生育するものが中心。常緑で越冬し、雪の布団を被るのであまり大きくならない。温度と水の管理も大変で、都会で育てるのはむずかしい。ヒマラヤのシャクナゲは大形の種では樹高15ｍにもなり、落ちている花を見ないとシャクナゲとは思えない。

◇**由来**　交雑による園芸品種が中心
◇**よく見る場所**　庭園・庭・鉢植え
◇**花の時期**　4〜7月
◇**果実の時期**　栽培のものはほとんど実らない

カルミア　常緑低木。高さ1-5m。葉は互生、長さ7-10㎝幅3-5㎝。花は径1.5-2.5㎝。写真：右＝果実時、左上＝花、左下＝新芽時

カルミア

Calico bush／別名アメリカシャクナゲ・ハナガサシャクナゲ

ツツジ科

Kalmia latifolia

北アメリカ東部原産のツツジ科の低木。花の蕾(つぼみ)に特徴があり、金平糖のような突起がおもしろい。この突起には重要な役割がある。花が開くと突起の中に雄しべが頭を突っ込んでいるのが確認できる。雄しべが成熟してくると、ちょっとした振動で突起から抜け出た葯(やく)から花粉が投げ出され花にやってきた虫につく仕かけになっている。花時には指で触ると糸状の花粉がつくので試してみよう。日本に渡来したのは一九一五年。有毒植物なので葉を揉(も)んだり噛(か)んだりしないこと。都会ではビルの植込みや公園、庭木としても利用が増えている。

◇**由来**　北アメリカ東部原産

◇**よく見る場所**　公園・庭園・植込み

◇**花の時期**　５～６月

◇**果実の時期**　秋、褐色に熟す

ドウダンツツジ　落葉低木。高さ1-2m。葉は互生、長さ2-3㎝幅0.8-1.5㎝。花は長さ7-8㎜。果実は長さ7-9㎜。写真：上＝花時、右下＝花、左下＝新しい枝

ドウダンツツジ

灯台躑躅・満天星／別名ドウダン・フデノキ
ツツジ科
Enkianthus perulatus

ドウダンツツジの名は灯台ツツジから転じたといわれ、枝がよく分枝して先端が、昔、宮中で夜間行事の時に使われた「結び灯台」の三叉状の脚に似ていることによる。壺形の花もかわいいが、秋の紅葉は特に目を引く。日当たりがよく朝夕の温度差が激しいところでは真っ赤に色づく。漢名の満天星は、昔、中国の太上老君（だいじょうろうくん）（道教の祖といわれる老子が神格化した古代道教の最高神）が仙宮で霊薬を練るうちに誤ってこぼした玉盤の霊水がこの木に散ってしまい、それが壺状の玉となり満天の星のように輝いて見えたという伝説にちなんでいる。

◇**分布**　静岡・愛知・紀伊半島・高知・鹿児島、台湾
◇**よく見る場所**　公園・庭園・庭・植込み
◇**花の時期**　4～5月上旬
◇**果実の時期**　秋、褐色に熟す

アセビ　常緑低木。高さ1.5-4m。葉は互生、長さ3-9㎝幅0.8-3㎝。花は径6-7㎜。果実は径5-6㎜。写真：右上＝新芽時、右下＝若い蕾、左上＝紅花品種、左下＝ヒマラヤアセビの園芸品種

アセビ

馬酔木／別名アシビ・アセボ・シカクワズ・ウマクワズ
ツツジ科
Pieris japonica

アセビを「馬酔木」と書くのは、葉や枝にアセボトキシンという呼吸中枢を麻痺させる毒成分を含み、馬が食べると酔ったようにふらふらするためという。奈良公園では鹿が食べないので繁殖している。スズランのような花が鈴なりに咲く姿が愛らしく、園芸品種も数多い。万葉集には10首も詠まれている。花も美しいが新芽の彩りも美しく、庭や公園に植えられることが多い。茎葉の毒は、煎じて農作物の殺虫剤として利用された。ツツジ科の植物には毒があるものが多い。ホツツジの仲間は蜜にも毒があり、葉を食べなくても蜂蜜を経由して中毒を起こすことがある。

◇分布　本州（宮城以南）～九州
◇よく見る場所　公園・庭園
◇花の時期　4～5月
◇果実の時期　10～11月、灰褐色に熟す

カキ　落葉高木。高さ10mほど。葉は互生、長さ7-15㎝幅4-10㎝。雌雄雑居性。花は長さ8㎜ほど。果実は形・大きさともに多様。写真：右＝果実時、左上＝雌花、左下＝葉（上は表、下は裏）

カキ

柿／別名カキノキ
カキノキ科
Diospyros kaki

日本を代表する果樹であり、「KAKI」の名で世界中に通用する。名前は「赤黄（あかき）（または赤木）」に由来し、紅葉の色と果実の色にちなむ。古代の遺跡からもアンズ、ウメ、モモなどの果実とともにカキの種（たね）が出土する。

大別して野生種のヤマガキと栽培種に分けられ、品種は一〇〇〇種以上に及ぶ。甘柿と渋柿があり、甘柿でも寒い土地に植えると渋くなる。材は堅く建築装飾材、家具などに使われる。ゴルフクラブに使われるのはアメリカ東部原産のアメリカガキ（パーシモン）である。若葉は柿茶や天ぷらに、未熟な実からつくる柿渋は傘や渋紙づくりに使われた。

◇**分布**　本州・四国・九州、朝鮮、中国
◇**よく見る場所**　庭
◇**花の時期**　5～6月
◇**果実の時期**　10～11月、黄赤色に熟す

マンリョウ　常緑低木。高さ30-100㎝。葉は互生、長さ7-15㎝幅2-4㎝。花は径8㎜ほど。果実は径6-8㎜。写真：右上＝蕾時、右下＝シロミノマンリョウ、左＝果実期

マンリョウ

万両
ヤブコウジ科［サクラソウ科］
Ardisia crenata

マンリョウの幹は年月を経過してもあまり太くならず、根元から幹を出して株立ちとなる。葉には丸い鋸歯（きょし）があり、くぼみの部分に窒素固定菌が共生する。葉を挿すだけでも発根しやすいのはこのためである。実は赤く熟するが白実や黄実のものもある。モッコクの根元にセンリョウと一緒に植え正月の縁起を担ぐ。江戸時代にはカラタチバナを百両、ヤブコウジを十両と呼び、センリョウ（千両）マンリョウ（万両）と併せて瑞祥植物としていた。アメリカのフロリダでは日本から持ち込まれたと思われるマンリョウが広く繁殖し、帰化有害植物に指定されている。

◇分布　本州（関東以南）〜沖縄、朝鮮、中国〜インド
◇よく見る場所　庭園・庭・鉢植え
◇花の時期　7月
◇果実の時期　晩秋、紅色に熟す

エゴノキ　落葉高木。高さ7-8m径10-20㎝。葉は互生、長さ4-8㎝幅2-4㎝。花は径2.5㎝ほど。果実は長さ1㎝ほど。写真：右上＝花時、右下＝花、左上＝葉、左下＝果実時（果皮が割れて種が見える）

エゴノキ

別名チシャノキ・ヤマヂサ・コハゼノキ・ロクロギ
エゴノキ科
Styrax japonica

関東ではコナラ、クヌギなどと並び雑木林を代表する樹木の一つ。春にそれは見事な白い花を多数咲かせ自己主張する。別名チシャノキは、無数に垂れ下がる実を動物の乳房にたとえ、この実の成った姿を「乳成り」と形容したことによると考えられる。材は白く、傘の柄に好んで使われるので、ロクロギなどとも呼ばれる。実の果皮にはサポニンを含み、泡立ちがよく洗濯にも使われていた。えぐみ（苦い＋渋い）があることから名前がついた。実際に味わってみると確かにえぐい。この木にできるエゴノネコアシフシという虫こぶは、エゴノネコアシアブラムシが原因。

◇**分布**　北海道（日高地方）～沖縄、朝鮮、中国
◇**よく見る場所**　公園・庭園
◇**花の時期**　5～6月、よい香りがある
◇**果実の時期**　8～9月、緑白色に熟す

ハクウンボク　落葉高木。高さ6-15m径20-25㎝。葉は互生、長さ10-20㎝幅6-20㎝。花は径1.5-2㎝。果実は長さ1.5㎝ほど。写真：右上＝果実時、右下＝蕾、左＝花時

ハクウンボク

白雲木／別名オオバヂシャ・オオガメノキ・ハビロ
エゴノキ科
Styrax obassia

小さな白い花がたくさん枝につく姿を白雲にたとえて「白雲木」と名づけられた。花は咲いてから一週間もしないうちに散ってしまう美樹薄命である。エゴノキと似ているが、エゴノキは今年伸びた新しい枝の先に1～6個ずつ花をつけ、ハクウンボクは枝先から垂れ下がった花穂に20個ほどの花を咲かせる。ハクウンボクの別名オオバヂシャはエゴノキの別名チシャノキに対して葉が大きいから。材は堅く将棋の駒に向く。エゴノキ同様の虫こぶが本種にもつき、黄緑色で蠟細工のようなハクウンボクハナフシが見られる。原因は、アブラムシの刺激による。

◇**分布**　北海道～九州、朝鮮、中国
◇**よく見る場所**　公園・庭園
◇**花の時期**　5～6月、よい香りがある
◇**果実の時期**　8～9月、緑白色に熟す

サワフタギ　落葉低木。高さ2-4m。葉は互生、長さ4-7㎝幅2-3.5㎝。花は径7-8㎜。果実は径6-7㎜。
写真：右上＝花時、右下＝果実時、左上＝花、左下＝果実

サワフタギ

沢蓋木／別名ルリミノウシコロシ・ニシゴリ
ハイノキ科
Symplocos chinensis var. *leucocarpa*

別名ルリミノウシコロシとも呼ばれる。実の瑠璃色は宝石の輝きのようだ。春の白い小花も目立つ。葉には全体に細かい毛があり、手で触るとガサガサする。葉脈が裏に出るため表面が凹むなどの特徴がある。高くなれない木なので水の流れに沿って日光を求め、沢に被いかぶさるように生える。サワフタギという名はこの性質からついたとされる。ハイノキ科の樹木は枝や葉を燃やした灰汁(あく)を染め物や焼物の媒染剤にするため「灰の木」と呼ぶ。サワフタギは紫染めに使う。ハイノキ科には常緑樹が多いが、サワフタギは落葉樹。材は緻密(ちみつ)で均質なため細工物に利用した。

◇**分布**　北海道～九州、朝鮮、中国
◇**よく見る場所**　公園・庭園
◇**花の時期**　5～6月
◇**果実の時期**　9～11月、瑠璃色に熟す

トベラ　常緑低木。高さ2-3m。葉は互生、長さ5-8㎝幅1.5-2.5㎝。雌雄別株。花は径2㎝ほど。果実は径1-1.6㎝。写真：右上＝果実時、右下＝割れた果実と種、左上＝花時、左下＝花

トベラ

別名トビラノキ・トビラギ
トベラ科
Pittosporum tobira

トベラは海岸に沿って自生している。実は熟すと3つに割れ中から朱色の種(たね)が出る。この種は粘液に包まれていて粘り、鳥が食べるとき嘴(くちばし)や体に付着して運ばれる。トベラの仲間は南半球に多く、渡り鳥のルートに沿って分布している種類が多い。関東より北に自生するのはトベラだけ。雌雄別株で花には芳香がある。葉、枝、根には悪臭があり、古くから疫病や鬼神を除く効果があると信じられていて、節分の時に戸口に枝を挿し、疫病や鬼神を追い払う風習があった。この行事からトビラノキと呼ばれていたのが、トベラへと転訛した。

◇**分布**　本州（岩手・新潟以南）～沖縄、朝鮮、中国
◇**よく見る場所**　公園・庭園・庭・街路・社寺林
◇**花の時期**　4～6月、香りがある
◇**果実の時期**　11～12月、黒褐色に熟す

ガクアジサイ　落葉低木。高さ2-3m。葉は対生、長さ10-15㎝幅5-10㎝。花房は径10-20㎝、装飾花は径3-4㎝。果実は長さ6-9㎜。写真：（右頁）上＝アジサイの花時、右中＝ウズアジサイ、右下＝セイヨウアジサイの園芸品種、左中＝アジサイの園芸品種、左下＝ガクアジサイの園芸品種、（左頁）＝ガクアジサイの花時

アジサイとガクアジサイ

紫陽花／別名テマリバナ、額紫陽花／別名ガク
アジサイ科　アジサイ *Hydrangea macrophylla*、ガクアジサイ *H. macrophylla f. normalis*

ガクアジサイは房総・三浦・伊豆半島、伊豆諸島、愛知、和歌山の太平洋沿岸に自生がある。葉が大きく光沢があるのは海岸に適応するための潮風対策。花が装飾花ばかりになったアジサイは園芸的に価値があり、古くから庭に植えられた。文政六（一八二三）年に来日したシーボルトが妻滝の名をつけてヨーロッパに紹介した。装飾花には実がならないため挿し木で殖やす。セイヨウアジサイとかハイドランジアというのは、ガクアジサイを主に用いてつくられた園芸品種のグループ。土壌の酸度で花色が変わるのは酸性土壌でアルミニウムが溶け出し根から吸われるため。

◇**分布**　房総・三浦・伊豆半島・伊豆諸島・愛知・和歌山
◇**よく見る場所**　公園・庭園・庭
◇**花の時期**　6～7月
◇**果実の時期**　（ガクアジサイ）秋、褐色に熟す

ヤマジサイ　落葉低木。高さ1-2m。葉は対生、長さ10-15㎝幅5-10㎝。花房の径4-10㎝、装飾花の径1.5-3㎝。果実は長さ3-4㎝。写真：右上＝ヤマジサイ、右下＝花後、左上＝シチダンカ、左下＝アマチャ

ヤマアジサイ

山紫陽花／別名サワアジサイ
アジサイ科
Hydrangea serrata

ヤマアジサイは沢沿いに生えるので別名サワアジサイとも呼ばれ、葉には光沢がなく細長い。ヤマアジサイには変異が多く、エゾアジサイや伊豆半島特産のアマギアマチャもヤマアジサイの変種とされる。4月8日の花祭りにお釈迦様にかける甘茶をつくるのもヤマアジサイの変種アマチャで、特に甘味の強い系統を栽培もしている。甘茶は葉を乾燥させて煎じてつくる。甘味成分はフィロズルチン。江戸時代から栽培される品種には、装飾花が赤いベニガク、装飾花が八重になるシチダンカがある。シチダンカをもとにつくられた「墨田の花火」という品種が最近人気がある。

◇**分布**　本州（福島以南）～九州
◇**よく見る場所**　庭園
◇**花の時期**　6～7月
◇**果実の時期**　秋、茶色に熟す

ガクウツギ　落葉低木。高さ1-1.5m。葉は対生、長さ4-7㎝幅2-3.5㎝。花房は径8-10㎝、装飾花は径2.5-3㎝。果実は長さ2.5㎜ほど。写真：花時

ガクウツギ

額空木／別名コンテリギ
アジサイ科
Hydrangea scandens

暖地の山地に生える。よく分枝して若い枝には褐色の毛が多い。葉に金属のような光沢があるため、全体にてかてか輝いて見える。装飾花にはよく目立つ白い花弁状の萼片（がくへん）が3枚あって目立たない両性花の存在を昆虫たちに知らせる役割をしているようだが、花の香りがかなり強いので、主にこの匂いで呼び寄せているのだろう。茎が中空であることからウツギとつくが、実際はアジサイの仲間である。装飾花が赤紫色の品種をベニガクウツギと呼び、庭や公園に植えられる。

別名コンテリギ（紺照木）は葉が紺色を帯び、光沢がある様子から。

◇**分布**　本州（関東南部～近畿）・四国・九州
◇**よく見る場所**　公園・庭園・庭
◇**花の時期**　5～6月、香りがある
◇**果実の時期**　秋、茶色に熟す

バイカウツギ　落葉低木。高さ2mほど。葉は対生、長さ4-10㎝幅1.5-3㎝。花は径2.5-3㎝。果実は長さ7-8㎜。写真：左＝花時

ウツギ　落葉低木。高さ1-2m。葉は対生、長さ4-10㎝幅2.5-4㎝。花は径1㎝ほど。果実は径4-7㎜。写真：右上＝花時、右下＝果実

ウツギとバイカウツギ

空木・卯木／別名ウノハナ、梅花空木／別名サツマウツギ
ユキノシタ科［アジサイ科］ウツギ *Deutzia crenata*、
バイカウツギ *Philadelphus satsumi*

ウツギを別名ウノハナ（卯の花）と呼ぶのは旧暦4月（卯月）に咲くからともウツギノハナが略されたともいわれる。花時に降る梅雨の前触れを卯の花くたし（腐る）という。田植えの準備に忙しくてもウツギの花を見ていた証拠で、身近な植物だった証は豆腐のしぼりかすのオカラを、成分が空と色が白いに掛けて「卯の花」と呼ぶのにも表れている。

バイカウツギは本州の岩手県から南の山地に生えるがあまり多くはない。花に香りがあり、その姿がウメに似ていることからこの名がある。別名サツマウツギ（薩摩空木）は南方に多いからというが、鹿児島県には少ない。

◇**分布**　ウツギは北海道南部～九州
バイカウツギは本州（岩手以南）～九州
◇**よく見る場所**　庭園・庭・生垣
◇**花の時期**　5月下旬～7月、香りがある
◇**果実の時期**　秋、褐色に熟す

コデマリ　落葉低木。高さ1.5mほど。葉は互生、長さ2-5㎝幅0.6-2㎝。花は径7-10㎜。果実は長さ2㎜。写真：左上＝花時、左下＝葉（上は裏、下は表）

ユキヤナギ　落葉低木。高さ1-2mほど。葉は互生、長さ2-4㎝幅5-7㎜。花は径8-10㎜。果実は長さ3㎜ほど。写真：右＝花時

ユキヤナギとコデマリ

雪柳／別名コゴメヤナギ、小手毬／別名スズカケ
バラ科
ユキヤナギ*Spiraea thunbergii*、コデマリ*S. cantoniensis*

ユキヤナギは川岸の岩場に生える日本固有種。枝は枝垂れて弾力があるが、これは洪水のときに川の水にさらされることへの適応と考えられる。近年では河川改修やダム工事のために野生のものは少なくなった。春先に小さな白い花を密につける。ユキヤナギの名は葉がヤナギに似て細長く、枝垂れた枝いっぱいに雪が積ったように花が咲くことから。

コデマリは中国原産。その年に伸びた弓のようにしなる枝に花が球状に手毬のようにむらがって咲く。花は品格があり、耐寒性、耐暑性にも優れ、丈夫でとても育てやすいため、公園や庭によく植えられる。

◇**分布**　ユキヤナギは本州（関東以西）～九州
コデマリは中国原産
◇**よく見る場所**　公園・庭園・庭
◇**花の時期**　4～5月
◇**果実の時期**　4～5月、茶褐色に熟す

ソメイヨシノ　落葉高木。高さ8m径80cm。葉は互生、長さ7-11cm幅5-7cm。花は径3-3.8cm。果実は径1-1.2cm。写真：右上＝花時、右下＝葉（上は裏、下は表）、左上＝花、左下＝樹齢120年の古木

ソメイヨシノ

染井吉野
バラ科
Prunus × yedoensis

エドヒガンとオオシマザクラの雑種からつくられた園芸種。葉よりも花が先に咲く性質をエドヒガンから、花が大きく一房に5～6輪咲く華やかさをオオシマザクラからと、両親からよいところだけを受け継いだ。明治の初めに見出され、文明開化の波に乗った桜かもしれない。元は一本の原木から枝を切ってオオシマザクラの実生に接木して殖やした、いわゆるクローン個体。戦後は技術も向上し大量に苗木が生産され、都会の桜の8割がソメイヨシノ。園芸種のため人の管理が必要。クローンのため桜前線の指標になり、並木にすると一斉に咲き揃い美しさは天下一品。

◇**由来**　エドヒガンとオオシマザクラの雑種
◇**よく見る場所**　公園・庭園・庭・街路・並木
◇**花の時期**　3月下旬～4月上旬
◇**果実の時期**　5～6月、黒紫色に熟す

オオシマザクラ　落葉高木。高さ15m径1-2m。葉は互生、長さ9-12cm幅6.5-8cm。花は径4.2-4.5cm。果実は径1.1-1.3cm。写真：右上＝果実時、右下＝樹齢400年の古木、左上＝花、左下＝葉（上は裏、下は表）

オオシマザクラ

大島桜
バラ科
Prunus speciosa

桜餅の葉のほのかな香りはクマリンという成分による。オオシマザクラの若葉の塩漬けを使い、ほかの桜の葉では香りがしない。関西ではツバキやサルトリイバラの葉を使う。江戸時代、オオシマザクラは関西では手に入らなかったからだ。

オオシマとは伊豆大島のことで、伊豆七島に特産するため。伊豆半島や千葉へは人が薪(たきぎ)用に導入したものと思われる。伊豆大島では全島に薪用に植えられていてソメイヨシノはほとんどない。オオシマザクラは変異が出やすく、ソメイヨシノを初め八重の園芸品種もオオシマザクラの実生や枝変わりが多い。

◇**分布**　伊豆諸島特産
◇**よく見る場所**　公園・庭園
◇**花の時期**　3月下旬〜4月上旬、香りがある
◇**果実の時期**　5〜6月、黒色に熟す

エドヒガン　落葉高木。高さ20m径1mほど。葉は互生、長さ3.3-3.8cm幅1.8-4cm。花は径1.5-2cm。果実は径9mmほど。写真：（右頁）＝花時の樹形、（左頁）右上・右中＝シダレザクラ、左上＝円山公園の桜、左中＝薄墨桜の幹、下＝神代桜

エドヒガン

江戸彼岸／別名ウバヒガン・アズマヒガン
バラ科
Prunus pendula f. *ascendens*

日本三大桜といえば山梨県の神代桜、岐阜県の薄墨桜、福島県三春（みはる）の滝桜。いずれも樹齢一〇〇〇年を越す古木だが、種類は皆エドヒガン。野生種で一〇〇〇年を生きるのはエドヒガンのみで、第二位のヤマザクラは七〇〇年どまり。葉より花が先に咲き始めるのが特徴で、関東では彼岸頃から咲くために江戸彼岸と呼ばれる。この枝垂れ性がシダレザクラで、優美に枝垂れる滝桜や八坂神社の枝垂れ桜も花が先に咲く。枝垂れ性の品種は花が目の前で咲くことから人気があり、平安時代から植えられ、現在、銘木や古木で名高いシダレザクラは人が植えたものが多い。

◇**分布**　本州～九州、朝鮮、中国
◇**よく見る場所**　公園・庭園・庭・街路
◇**花の時期**　4月
◇**果実の時期**　6月、黒色に熟す

ヤマザクラ　落葉高木。高さ20-25m径80-100cm。葉は互生、長さ8-12cm幅3-4.5cm。花は径3-3.7cm。果実は径9-10mm。写真：右上＝八重の花、右下＝葉、左上＝花（平安神宮の左近の桜）、左下＝果実期

ヤマザクラ

山桜
バラ科
Prunus jamasakura

「敷島の大和心を人問わば朝日に匂う山桜花」と詠われた桜は関西に分布の中心があり、関西の山々に咲くのはヤマザクラが多い。平安時代初め、中国の影響で平安神宮の紫宸殿（ししんでん）前には、左近の梅と右近の橘が植えられていたが、後にウメはヤマザクラに替わった。以来桜といえばヤマザクラが代表だった。特に奈良の吉野山は信仰の証に人々がヤマザクラの苗木を植えていったため全山がヤマザクラに包まれる見事な景観が今に残っている。

春、葉と花が同時に開き、芽吹きの色合いに個性が出て気品が漂う。花弁はほぼ白色、熟した実は黒色。食べると苦味が強い。

◇**分布**　本州（宮城・新潟以南）～九州
◇**よく見る場所**　公園・庭
◇**花の時期**　4月
◇**果実の時期**　6月、黒紫色に熟す

マメザクラ　落葉高木。高さ3-8m径30cmほど。葉は互生、長さ2.8-4.8cm幅1.5-3cm。花は径1.6-2cm。果実は径8mmほど。写真：花時

マメザクラ

豆桜／別名フジザクラ
バラ科
Prunus incisa

桜の盆栽にはマメザクラの血を引く品種が多い。マメザクラは富士、箱根周辺に自生があり、あまり大きくならないのが庭園や盆栽で使われる所以。「マメ」は小さいことを表す。別名フジザクラは富士山周辺に咲くため。マメザクラに似た野生種には高山に咲くタカネザクラがあり、関東では標高1000m以上に生えるが、北海道では平地にもある。さらに北ではチシマザクラとなる。どの種も花は1～2輪で小さく実も黒色に熟す。マメザクラの実は野生種の中では唯一甘くて生食できる。山で実が成っていたら食べてみよう。酸味が強ければタカネザクラだ。

◇**分布**　本州（関東・中部）
◇**よく見る場所**　庭
◇**花の時期**　3月下旬～5月上旬
◇**果実の時期**　6月、黒色に熟す。食べられる

カンヒザクラ　落葉高木。高さ8m径30cmほど。葉は互生、長さ8-13cm幅2.5-6cm。花は径2cmほど。果実は径1.5cmほど。写真：右上＝花時、右下＝花、左＝果実時

カンヒザクラ

寒緋桜／別名ヒカンザクラ・ヒザクラ・タイワンザクラ
バラ科
Prunus cerasoides var. *campanulata*

カンヒザクラは台湾、中国南部に自生し、関東以南で植えられている花が下向きに咲くタイプは台湾から入った。沖縄ではリュウキュウカンヒザクラがあり、カンヒザクラとは咲き方が違い花の色も濃いピンクから白色まである。カンヒザクラの名は寒い時期に緋色の花をつけることから。以前はヒカンザクラ（緋寒桜）と呼ばれていたが、彼岸桜（ひがんざくら）と紛らわしいのでカンヒザクラと改められた。緋紅色で釣鐘型の花は、散るときツバキのように花ごと落ちる。カンザクラ（寒桜）はカンヒザクラとヤマザクラ、オオカンザクラ（大寒桜）はオオシマザクラとの交雑種である。

◇**由来**　中国原産
◇**よく見る場所**　公園・庭園・庭
◇**花の時期**　1～3月
◇**果実の時期**　6月、赤色に熟す

セイヨウミザクラ　落葉高木。高さ20m径60cmほど。葉は互生、長さ6-12cm。花は径2.5cmほど。果実は径1.5-2.5cm。写真：右上＝花、右下＝蕾、左＝果実期

セイヨウミザクラ

西洋実桜／別名オウトウ・セイヨウサクランボ
バラ科
Prunus avium

セイヨウミザクラはサクランボのなる木で、日本には明治初期、北海道に6本が植えられたのが始まり。その後、北海道、東北地方へと栽培が広がり、現在では山形、福島、長野県などで栽培されている。実は生食のほか、果実酒やシロップ漬け、製菓用に使われる。高級果物の一つで、「高砂」「芳玉」「佐藤錦」「ナポレオン」「黄玉」など多くの品種がある。有名な「佐藤錦」は「ナポレオン」と「黄玉」との交雑種。庭木としても人気がある。サクラ類は同じ品種同士では結実しない自家不和合性という性質があるため、うまく結実させるにはほかの品種が必要になる。

◇**分布**　西アジア原産
◇**よく見る場所**　庭
◇**花の時期**　4〜5月
◇**果実の時期**　6月、黄赤色に熟す。食べられる

モモ　落葉高木。高さ2-5m径30cmほど。葉は互生、長さ8-15cm幅3-4cm。花は径3-5cm。果実は径5-7cm。写真：右上＝花時（源平枝垂れ）、右下＝花、左上＝花（八重咲き）、左下＝果実時

モモ

桃

バラ科

Prunus persica

モモは中国起源の栽培植物。シルクロードの交易でペルシアに伝わり、ギリシア時代にヨーロッパに伝わったため、原産地はペルシアと考えられていた。中国では、モモは霊力のある木とされ死に打ち勝つと信じられていた。モモにはつわりを癒す効能があり、命を育む妊婦を守ることから死を呼ぶ悪霊を祓うとされた。『桃太郎伝説』のモモから生まれる桃太郎が悪霊の化身の鬼を退治する宿命を負わされたのも、モモへの信仰の所以。モモの実は3層になっている皮の部分を食べる。薄くむけるのが外果皮、ごつごつの核が内果皮、甘い果肉が中果皮である。

◇**由来**　中国北部原産

◇**よく見る場所**　庭

◇**花の時期**　4月

◇**果実の時期**　7～8月、淡黄色・淡桃色に熟す

ウメ　落葉高木。高さ5-10m径60cmほど。葉は互生、長さ5-8cm幅2-5cm。花は径2.5cm。果実は径2-3cm。写真：右上＝八重紅梅、右下＝幼果の頃、左上＝花時（枝垂れ梅）、左下＝白梅

ウメ

梅
バラ科
Prunus mume

ウメは中国河北省あたりが原産で古くから栽培されていた。平安遷都のすぐ後、紫宸殿(ししんでん)前には左近の梅が植えられた。早春に咲くのは原産地が温暖だった証である。花の香りがよいのは成虫で越冬するハナアブなどを呼ぶため。結実した実は小豆粒ほどになるまで貯蔵養分で育つため、葉が伸びきらないのに実が目につくのはそのせいだ。実を採るウメを植えているのが梅林で白花ばかりが咲き揃う。紅梅や八重咲きを植えているのは梅園。中国では春の花木の代表といえばウメ。中国文化の影響を強く受けた平安貴族もウメを愛好したが、その後は桜が取って代わった。

◇**由来**　中国中部原産
◇**よく見る場所**　庭園・庭
◇**花の時期**　2～3月、香りがある
◇**果実の時期**　6月、黄緑色に熟す。食べられる

イヌザクラ　落葉高木。高さ10mほど。葉は互生、長さ5-8.5cm幅2-3.5cm。花は径5mmほど。花穂の長さ6-9cm。果実は径8mmほど。写真：右上＝花時、右下＝樹皮（樹齢180年）、左上＝果実時、左下＝蕾

イヌザクラ

犬桜／別名シロザクラ・シタミズザクラ
バラ科
Prunus buergeriana

山野に見られ、樹皮は皮目の目立つ白っぽい桜肌をしている。花は一般的な桜のイメージとは違い、小花が花穂のように集まって咲く。雄しべの長い花の集まりは白いブラシのように見える。ウワミズザクラとは花序に葉がつかないこと、樹皮が白っぽいこと、葉が細身なことで区別できる。葉の基部付近に1対の腺体（せんたい）があるが、あまり目立たない。葉を落とした後の冬芽は赤く、艶があって美しい。イヌザクラの名はウワミズザクラと混生するため、有用材となるウワミズザクラと比べて材が柔らかい本種を区別する必要があったから。別名シロザクラは樹皮の色にちなむ。

◇**分布**　本州〜九州、朝鮮
◇**よく見る場所**　公園
◇**花の時期**　5月、香りがある
◇**果実の時期**　6〜7月、黒色に熟す

ウワミズザクラ　落葉高木。高さ15m径50cmほど。葉は互生、長さ8-11cm幅2.5-4.5cm。花は径6mmほど。花穂の長さ8-10cm。果実は径6-7mm。写真：右上＝新芽時、右下＝果実時、左＝花時

ウワミズザクラ

上溝桜／別名ハハカ・カニワザクラ
バラ科
Prunus grayana

ウワミズザクラは昔、材の上面に溝を彫り占いに使用したため「上溝桜（うわみぞざくら）」と呼んでいたのが転訛したという。山野のやや湿った場所に点々と見られる。樹皮は黒っぽく、はっきりとした横長の皮目がよく目立ち、桜皮細工に使われる。葉の基部付近には1対の腺体（せんたい）があるが、あまり目立たない。小さな花が花穂状に集まり白いブラシのようだ。この花の蕾（つぼみ）や若い果実を塩漬けにして食用にする。特に若い果実の塩漬けは杏仁香（あんにんご）と呼ばれ、新潟県産のものが有名。よく似るイヌザクラとは花穂に葉がつくこと、樹皮が黒っぽくて皮目が目立つことで区別できる。

◇**分布**　北海道南部〜九州北部
◇**よく見る場所**　公園
◇**花の時期**　4〜5月、香りがある
◇**果実の時期**　7月、赤〜黒紫色に熟す

バクチノキ　常緑高木。高さ15m径1mほど。葉は互生、長さ8-14cm幅4-7cm。花は径6-7mm。花穂の長さ2-3cm。果実は長さ1.5cm。写真：右上＝花時、右下＝樹皮、左＝果実期

バクチノキ

博打木／別名ビランジュ・ゴイノキ・ハダカノキ
バラ科
Prunus zippeliana

バクチノキは樹皮がはがれると下から鮮やかな紅黄色の樹肌が現れる。その様子を博打で負けて身ぐるみはがされて丸裸になった姿にたとえて名がついたといわれている。江戸時代には博徒の信仰の対象にもなった。房総半島から西日本、四国、九州などの暖地、沿海地に生える。日本産のサクラ属の中ではめずらしい常緑性で、常緑なのはほかにはリンボクだけ。葉柄には1対の腺体（せんたい）がある。家具材、器具材、薪炭材として利用されるほか、葉は咳止めや鎮静剤にも使われる。別名もおもしろい。ビランジュはインドにある毘蘭樹に誤って当てたもの。

◇分布　本州（関東以南）～沖縄、朝鮮
◇よく見る場所　公園
◇花の時期　9月
◇果実の時期　翌年の夏、黒紫色・紅紫色に熟す

ヤマブキ　落葉低木。高さ1-2m。葉は互生、長さ3-10cm幅2-4cm。花は径3-5cm。果実は長さ4-4.5cm。写真：左上＝花時、左下＝ヤエヤマブキ

シロヤマブキ　落葉低木。高さ2m。葉は対生、長さ5-10cm幅2-5cm。花は径3-4cm。果実は長さ7-8mm。写真：右上＝花時、右下＝果実時

ヤマブキとシロヤマブキ

山吹／漢名棣棠・棣棠花、白山吹
バラ科
ヤマブキ *Kerria japonica*、
シロヤマブキ *Rhodotypos scandens*

「七重八重花は咲けども山吹の実のひとつだに無きぞ悲しき」といえば太田道灌（おおたどうかん）が鷹狩りで雨にあいとある農家で蓑を借りようとした逸話に出てくる有名な歌。江戸の初めにはヤエヤマブキが知られていた証拠である。ヤマブキは谷川沿いなどの湿ったところに生える。昔から黄金色を山吹色というほど当時の生活になじみがあった。

よく似るシロヤマブキの花弁は4個。果実は黒くて艶があり、4つずつかたまってつくので四つ目ともいわれる。バラ科は5が基本の数、シロヤマブキは変わり者で1属1種。

◇**分布**　ヤマブキは北海道～九州、中国
シロヤマブキは本州（中部）、朝鮮、中国
◇**よく見る場所**　公園・庭園・庭・雑木林
◇**花の時期**　どちらも4～5月
◇**果実の時期**　どちらも9月頃

ノイバラ　落葉低木。高さ1-1.5m。葉は互生、小葉は7-9個で長さ2-4cm。花は径1.8-2.3cm。果実は径7mmほど。写真：右＝花時、左＝果実

ノイバラ

野茨／別名ノバラ、漢名野薔薇
バラ科
Rosa multiflora

ノイバラは山野の川岸など、水分条件に恵まれ日当たりのよい場所に茂っている。枝には鋭い刺(とげ)が多い。バラの刺の向きを確認してみよう。皆下向きだ。刺でほかの木に引っかかりながら高く生長していくためで、刺は樹皮が変化したものなので強く押すと取れてしまう。花には芳香があり、香水の原料にもされる。防犯用に生垣にされたり、庭木、接木の台木に使われるほか、実は利尿剤、下剤として非常に効き目の強い薬となり、その煮汁は腫れ物、にきび、できものにも効果がある。テリハノイバラは葉に光沢があり、花が大きく（径約3㎝）一房につく数が少ない。

◇**分布**　北海道西南部～九州、朝鮮
◇**よく見る場所**　公園・庭
◇**花の時期**　5～6月、香りがある
◇**果実の時期**　秋、橙赤色に熟す

ハマナス　落葉低木。高さ1mほど。葉は互生、小葉は7-9個、長さ3-5cm。花は径6-7cm。果実は径2-2.5cm。写真：右上＝果実時、右下＝葉、左上＝花、左下＝白花

ハマナス

浜梨／別名ハマナシ
バラ科
Rosa rugosa

ハマナスの名は果実が梨に似ていることからハマナシと呼ばれていたのがなまってハマナスになった。漢字では浜梨と書く。北海道、東北地方の海岸の砂地でよく見られ、北海道の花に指定されている。耐寒性の強さがモダンローズの改良に利用されている。地下茎を伸ばして広がり、大群落をつくることがあり、枝には細かい刺（とげ）がびっしりと生えていて、うかつに藪に立ち入ると大変なことになる。花には強い芳香があり、香水の原料にされる。根と樹皮は染料として利用されるほか、花材、庭木、鉢植えにもされる。果実は熟すと甘み、酸味ともにありおいしい。

◇**分布**　北海道・本州北部、東アジア
◇**よく見る場所**　公園・庭園・庭
◇**花の時期**　6～7月、香りがある
◇**果実の時期**　8～10月、紅色に熟す。食べられる

バラ　落葉または常緑低木。葉は互生、羽状複葉。写真：右上=つる性のバラ、右下=フロリバンダ系の花、左上・左下=ハイブリットティー系の花

バラ

薔薇／別名イバラ・ショウビ・ツウビ
バラ科
Rosa

バラは人とのかかわりが長く、紀元前一五〇〇年頃から栽培されていたといわれている。近代のバラは西洋のバラにアジアのバラが交配され四季咲きの性質を獲得してさらに発展した。四季咲き性はコウシンバラ（中国雲南の熱帯高地原産）の条件が整えばいつでも咲く性質による。日本産のバラではノイバラ、ハマナスが品種改良に役立っている。主な園芸品種にはHTで表すハイブリットティー系（一輪咲きが中心）とFで表すフロリバンダ系（房咲きが中心）などがある。これまでつくられた園芸品種は3万ともいわれるが実際に栽培されているのは400品種ほど。

◇**由来**　交配によりつくられた園芸品種が中心
◇**よく見る場所**　公園・庭園・庭
◇**花の時期**　ほぼ一年中、香りがある
◇**果実の時期**　あまり実らない

カジイチゴ　落葉低木。高さ2-3m。葉は互生、長さ幅とも6-12cm。花は径3-4cm。果実の集まりは径1.2-1.5cm。写真：右上＝紅葉、右下＝果実時、左上＝花、左下＝果実

カジイチゴ

梶苺／別名トウイチゴ・オオモミジイチゴ
バラ科
Rubus trifidus

海岸沿いの林下や道路の斜面などに生えるキイチゴの一種で、日本に自生するキイチゴの中では比較的大きくなる。葉は掌（てのひら）ほどもあり、先が3裂するものが多いキイチゴ類のなかにあって、成木では5裂、7裂するのでわかりやすい。キイチゴ類は枝に刺（とげ）をもつものが多いが、カジイチゴには刺がなくつるっとしているため公園にも植えられる。果実は黄橙色で梅雨前ぐらいに熟し、食べ頃となる。この実はカロチンやペクチン、リンゴ酸などを含み、滋養強壮によい。カジイチゴの名は葉の形がクワ科のカジノキに似ることからついたといわれる。

◇**分布**　本州（関東以南）〜九州
◇**よく見る場所**　公園・庭
◇**花の時期**　3〜4月
◇**果実の時期**　4〜5月、黄橙色に熟す。食べられる

コトネアスター　半常緑低木。高さ1mほど。葉は長さ1cmほど。花は径8mmほど。果実は径[illegible]ほど。写真：左上＝花、左下＝果実時

ピラカンサ　常緑低木。高さ2mほど。葉は互生、長さ2.5-5cm幅6-18cm。花は小さく房状に集まる。果実は径5mmほど。写真：右上＝花時、右下＝果実時

ピラカンサとコトネアスター

バラ科
ピラカンサ *Pyracantha*
コトネアスター *Cotoneaster*

ピラカンサの仲間は、トキワサンザシ、ヒマラヤトキワサンザシ、タチバナモドキの3種とその交配種が主に栽培され、普通は皆ピラカンサと呼んでいる。トキワサンザシは南ヨーロッパから小アジアが故郷で常緑でサンザシのような実が成り、ヒマラヤトキワサンザシはヒマラヤ原産から、タチバナモドキは中国西南部産で実がオレンジ色でタチバナに似るからというのが命名の由来。いずれも耐寒性、耐暑性に優れ剪定にも耐える。

コトネアスターは中国原産。ヨーロッパに渡りグランドカバーとして改良された。日本ではベニシタンと呼ばれる種が最も多い。

◇分布　ピラカンサはヨーロッパ東南部〜アジア原産
コトネアスターは中国〜ヒマラヤ原産

◇よく見る場所　庭、生垣

◇花の時期　5〜6月

◇果実の時期　10月、鮮紅色から黄色に熟す

ナナカマド　落葉高木。高さ10m径15-20cm。葉は互生、小葉は9-19個、長さ5-8cm幅1-2.5cm。果実は径6-8mm。写真：右上＝花、右下＝果実、左＝花時

ナナカマド

七竈／別名オヤマノサンショウ
バラ科
Sorbus commixta

ナナカマドの名は七回竈(かまど)にくべても燃え残るという燃えにくい特徴からといわれ、実際に水分が多い生木の場合は確かに燃えにくい。山地に普通に生える。春に白い花を咲かせた後、果実は緑色、黄色、橙色を経て秋には真っ赤に色づく。その色の変化を見るのも楽しい。果実と同時に葉も真っ赤になりとても美しく、モミジなどの紅葉より一足先に山に彩りをそえる。都会でも街路や公園に植えられるが、暖かい場所は苦手で夏の高温と乾燥で弱る。実は秋には渋いが冬の寒さに当たると渋味が消える。鳥もよく知っていて、春になるまで枝に残っていることが多い。

◇**分布**　北海道～九州、朝鮮
◇**よく見る場所**　公園・庭園・街路
◇**花の時期**　5～7月
◇**果実の時期**　10月、赤く熟す

ビワ　常緑高木。高さ3-5m。葉は互生、長さ15-30cm幅3-9cm。花房の長さ10-20cm。果実は長さ4-5cm幅3-4cm。写真：右上＝花、右下＝葉（上は裏、下は表）、左＝果実時

ビワ

枇杷
バラ科
Eriobotrya japonica

ビワは冬に花が咲く。昆虫たちを呼ぶので香りがあり、ミツバチの密源植物としても有用である。暖地の石灰岩地帯に野生するものもあるが、多くは品種改良され果樹として栽培されている。枝先に集まってつく大きな葉は堅くてパリパリしている。表面は濃緑色だが裏面は色が薄く毛むくじゃら。毛が多いのは若い枝や芽、花、果実なども一緒で、木全体に毛が多い感じがある。翌年の初夏に熟す果実はおいしく、季節感のある果物の一つ。種(たね)が大きく甘いのは、猿に種の分布を託しているためのように見える。厚ぼったい葉は江戸時代から健康茶として利用されてきた。

◇**由来**　中国原産
◇**よく見る場所**　庭
◇**花の時期**　11～12月、香りがある
◇**果実の時期**　翌年6月、黄橙色に熟す。食べられる

シャリンバイ　常緑低木。高さ1-4m。葉は互生、長さ4-10cm幅2-5cm。花は径1-1.5cm。果実は径7-12mm。写真：右上＝果実時、右下＝葉（上は裏、下は表）、左＝花時

シャリンバイ

車輪梅／別名ハマモッコク
バラ科
Rhaphiolepis indica var. *umbellata*

シャリンバイの名は、葉が車輪のように開き、花がウメに似ていることから。暖地の海岸に自生する。葉は枝先に互生するが、密についているので輪生のように見える。主脈がよく目立つ。乾燥に強く、艶のある葉がきれいなので、よく庭木や街路樹、路側帯の植栽に使われる。樹皮はタンニンを多く含み、奄美大島では伝統の紬の染料にも使われる。果実は熟すと黒紫色の上に白い粉をふく。

山形県以西に分布するマルバシャリンバイは葉が倒卵形で先がとがらない。別名ハマモッコクはモッコクに似て海岸に自生することによる。

◇分布　本州～沖縄、朝鮮、中国、台湾～ボルネオ
◇よく見る場所　公園・庭・街路・生垣・路側帯
◇花の時期　4～6月
◇果実の時期　10月、黒紫色に熟す

カナメモチ　常緑低木または高木。高さ5mほど。葉は互生、長さ7-12cm幅2-4cm。花は径7-8mm。果実は径5mmほど。写真：右上＝花時、右下＝葉、左上＝「レッドロビン」の新芽時、左下＝果実

カナメモチ

要黐／別名アカメモチ・ソバノキ
バラ科
Photinia glabra

カナメモチの名はこの木で扇の要をつくったことからつけられた。新芽は赤いが、これは紫外線から幼い葉を守るために赤い色素アントシアニンを表面の細胞に貯めているため。アカメモチともいわれる。山地や丘陵地に自生するが、乾燥に強く生垣や庭木としてもよく植えられる。剪定(せんてい)されることが多いため、花や果実を見ることは少ないが花も赤い実も美しい。最近ごま色斑点病が蔓延して、都会のカナメモチは瀕死の状態。耐病性があり、若葉の赤がより鮮やかな「レッドロビン」（カナメモチとオオカナメモチの交配種）に植え替えが進んでいる。

◇**分布**　本州（東海以南）〜九州、中国、インドシナ
◇**よく見る場所**　庭・生垣
◇**花の時期**　5〜6月
◇**果実の時期**　10月、紅色に熟す

ボケ　落葉低木。高さ3mほど。葉は互生、長さ4-8cm幅1.5-5cm。花は径2.5-4cm。果実は長さ4-7cm。写真：左上＝花時、左下＝果実

クサボケ　落葉低木。高さ0.3-1m。葉は互生、長さ2.5-5cm幅1-3.5cm。花は径3cmほど。果実は径3-4cm。写真：右上＝花時、右下＝果実

ボケとクサボケ

木瓜／別名モッカ・モケ、草木瓜／別名シドミ・ジナシ
バラ科
ボケ *Chaenomeles speciosa*、クサボケ *C. japonica*

ボケの名は木瓜（ボクカ、モクケ）が転じたもので、果実の形が瓜（うり）のようであることから。日本には平安時代に入ってきた。庭木として植えられる。花が美しく、盆栽や花材としても人気がある。古くから盛んに品種改良されて多くの園芸品種がある。

クサボケは日本在来種。日当たりのよい山野に生える。崩壊地にいち早く進入するパイオニア植物でもある。観賞用に庭木、鉢植え、盆栽に使われる。枝の下部は地に伏し地下茎が発達する。小枝は刺状（とげじょう）になる。果実は黄色く熟し果実酒のほか、民間薬として利用される。別名シドミ、ジナシ（地梨）ともいう。

◇**分布**　ボケは中国原産、クサボケは本州と九州
◇**よく見る場所**　庭
◇**花の時期**　ボケは3～4月、クサボケは4～5月
◇**果実の時期**　ボケは10月、クサボケは6～7月

マルメロ　落葉高木。高さ4-7m。葉は互生、長さ5-10cm。花は径4-5cm。果実は径5-7cm。写真：左上＝花、左下＝果実

カリン　落葉高木。高さ5-10m。葉は互生、長さ5-10cm幅3.5-5.5cm。花は径3cmほど。果実は長さ10-15cm。写真：右上＝花、右下＝果実

カリンとマルメロ

花梨・榠樝、Marmelo・Quince
バラ科
カリン *Chaenomeles sinensis*、マルメロ *Cydonia oblonga*

カリンは中国中部原産。薬効効果が高く「杏一益、梨二益、カリン百益」といわれる。渡来は古く一〇〇〇年以上前。薬効は主に咳(せき)止め、痰(たん)きり。実は香りがよく洋ナシ形で熟しても酸味が強く硬くて生食はできない。のど飴や果実酒、砂糖漬けの材料となる。

マルメロは中央アジア原産。ヨーロッパで古くから果樹として栽培されていた。実は香りが強く、菓子や砂糖漬けにして利用される。日本には一六三四年ポルトガル船で運ばれ長崎に入った。マルメロはポルトガル語。日本では長野、秋田、青森で主に栽培され、最近北海道でもつくられている。

◇**由来**　カリンは中国原産、マルメロは中央アジア原産
◇**よく見る場所**　庭園・庭
◇**花の時期**　4～5月
◇**果実の時期**　10～11月、鮮黄色に熟す

カイドウ　落葉高木。高さ5mほど。葉は互生、長さ3-8cm幅2-4cm。花は径3-3.5cm。果実は径6-10mmほど。写真：花時

ハナカイドウ

花海棠／別名カイドウ・キンシカイドウ
バラ科
Malus halliana

江戸時代の初めに中国から入ってきたといわれるが、その時期ははっきりしない。中国でハボタンに次ぐ人気を誇り、日本でも神社やお寺の境内で大木が見られることが多い。うつむくように一重か半八重の薄紅色の花を咲かせる。昔から美人の形容にされ、楊貴妃をたとえた歌も残っている。盆栽や庭木、鉢植え、切り花などで観賞するが、アブラムシ類やグンバイムシ、赤星病に弱い欠点がある。また、枝が暴れるので手入れが必要。同じリンゴの仲間に、果実が大きく美しいミカイドウ（実海棠）があり、それに比べて花が美しいのでハナカイドウ（花海棠）の名がある。

◇**由来**　中国中西部原産
◇**よく見る場所**　庭園・庭・神社・寺院
◇**花の時期**　4月
◇**果実の時期**　10月、紫褐色に熟す

ネムノキ　落葉高木。高さ10m径45cmほど。葉は互生、長さ20-30cm、小葉は長さ10-17mm幅4-6mm。花弁は長さ1-1.2cm。果実は長さ10-15cm。写真：上＝花時、右下＝果実時、左下＝葉と若い果実

ネムノキ

合歓木／別名ネム・ネブノキ・コウカ
マメ科
Albizia julibrissin

ネムノキは山地や原野、川岸などでよく見られる。夏の初め頃から咲き出す花には長い雄しべが多数あり、白と淡紅色のコントラストが美しいが、夕方から咲いて翌日昼頃にはしおれているのであまり人目につかない。アゲハチョウなどの大型の蝶が吸蜜に来る様子がよく見られる。昔はこの花が咲くとアズキやヒエ、アワの蒔き時だとされた。秋には大きく扁平な莢（さや）が、枝先にかたまってぶら下がる。ネムノキは「眠の木」の意味で夜になると小葉が閉じて眠るように見える（睡眠現象）ことから。漢字では合歓木となり随分艶っぽい。この葉から抹香がつくられる。

◇**分布**　本州～沖縄、朝鮮、中国、東南アジア
◇**よく見る場所**　公園・庭園・街路
◇**花の時期**　7～8月
◇**果実の時期**　10月、茶褐色に熟す

アカシア　常緑高木。高さ5-15mほど。葉は互生、羽状複葉。写真：右上＝ギンヨウアカシアの花時、右下＝ギンヨウアカシアの花、左上＝フサアカシアの花時、左下＝フサアカシアの花

アカシア

マメ科
ギンヨウアカシア *Acacia baileyana*
フサアカシア *A. dealbata*

北半球が秋の頃、南半球では春を謳歌している。その頃に、オーストラリアに行くと黄色いアカシアの花が目につく。日本でアカシアが見られるのはもちろん春。ギンヨウアカシアとフサアカシアが多く、どちらも緑白色の細かい羽状の葉が印象的だ。乾燥に強く、耐寒性もあり、根に根粒バクテリアを共生させ窒素固定を行うため、痩せた土地でもよく育つ。黄色い花には芳香がある。古い流行歌で「アカシア」と歌っていたのはハリエンジュで、この二つには混乱があった。ヨーロッパでミモザと呼ばれているのは、フサアカシアで、花から香水をつくる。

◇**由来**　主にオーストラリア原産
◇**よく見る場所**　公園・庭園・庭・街路
◇**花の時期**　2月下旬〜3月上旬、香りがある
◇**果実の時期**　10月、赤褐色に熟す

ハナズオウ　落葉高木。高さ20m径1mほど。葉は互生、長さ5-10cm幅4-10cm。花は長さ2cmほど。果実は長さ5-7cm。写真：右＝花時、左上＝果実時、左下＝葉

ハナズオウ

花蘇芳／別名スオウギ・スオウバナ
マメ科
Cercis chinensis

江戸時代に中国から入り、花が美しいため庭に植えられる。マメ科の中ではめずらしく葉が単葉。春の訪れを告げる花の一つで、葉を出す前に花を咲かせる。小さな蝶形花が集まって幹や枝から直接咲くように見える。あまり高くなりすぎないことも庭木として喜ばれる。若い枝がジグザグに伸びるので葉を落としている季節でもわかりやすい。アメリカ原産のアメリカハナズオウも庭木にされるが、こちらは大木に生長する。花の色が、昔から赤色染料に使われたスオウ（マメ科）の染汁に似ているためハナズオウという。別名のスオウバナ、スオウギも由来は同じ。

◇**由来**　中国原産
◇**よく見る場所**　公園・庭
◇**花の時期**　4～5月
◇**果実の時期**　10月、黒褐色に熟す

サイカチ　落葉高木。高さ20m径1mほど。葉は互生、長さ15-30cm、小葉は12-24個で長さ3.5-5cm。花穂の長さ15-20cm。果実は長さ20-30cm。写真：右上＝果実、右下＝樹皮、左＝花時

サイカチ

皀莢／カワラフジ・サイカイシ
マメ科
Gleditsia japonica

サイカチはカブトムシの別称でもあるが、植物では大木になるマメ科の樹木のこと。幹に鋭い刺（とげ）があるので庭や公園には植えないが大名庭園には必ず植えてある。江戸時代は河原や水辺に普通に生えていた。栽培もされていた。大名庭園に残る訳は、ねじれた莢（さや）状の実に理由がある。サイカチは水を利用して種子散布をしているようだ。水に落ちた莢がすぐに魚などに食べられないように莢にサポニンを仕込んだかに思える。これを人間は利用した。サポニンには界面活性作用があり莢を水につけておくと泡が出てくる。石鹸のない時代にこの莢は石鹸の代用だった。

◇**分布**　本州〜九州、朝鮮、中国
◇**よく見る場所**　庭園・庭
◇**花の時期**　5〜6月
◇**果実の時期**　秋、濃紫色に熟す

エンジュ　落葉高木。高さ20m径30-40cm。葉は互生、長さ15-25cm、小葉は5-15個で長さ2.5-6cm。花穂の長さ30cmほど。果実は長さ5-8cm。写真：右＝花時、左上＝果実、左下＝葉

エンジュ

槐／別名キフジ・シナエンジュ
マメ科
Sophora japonica

一〇〇〇年以上前に中国から渡ってきたといわれる。生長が早く、中国では「出世の木」とされ、日本でも「延寿」の字が当てられて縁起のよい木とされた。庭園樹、公園樹、街路樹などに利用される。内樹皮は黄色で独特の臭気がある。新芽はてんぷらやお茶に、花や蕾（つぼみ）は高血圧や止血の薬に、花と実は染物の染料、熟した莢（さや）は揉（も）み出して石鹸にと非常に生活に役立つ。大量の花を咲かせ、その花が散り始めると樹の下が淡黄白色に染まる。最近エンジュサビ病が蔓延して幹に瘤ができた木が多くなり街路樹は日本に自生するイヌエンジュに植え替えが進んでいる。

◇**由来**　中国原産
◇**よく見る場所**　公園・庭園・街路・庭
◇**花の時期**　7～8月
◇**果実の時期**　10月、淡黄色に熟す

ハリエンジュ　落葉高木。高さ25m径30-40cm。葉は互生、長さ20-39cm、小葉は7-19個で長さ2.5-5cm。花穂は長さ10-15cm、花は長さ2cmほど。果実は長さ5-10cm。写真：右＝花時、左＝紅葉

ハリエンジュ

針槐／別名ニセアカシア・イヌアカシア
マメ科
Robinia pseudoacacia

明治初期に日本に入り、各地に広く植えられ、その後野生化しているものもある。切っても切っても切り株から新しい芽を出すほど強い生命力をもつ。普通アカシアの蜂蜜といえばこのハリエンジュの蜂蜜をさす。さらりとした癖のない味は蜂蜜の女王と称される。花も葉も食べられ、花はほのかに甘く、若葉はマヨネーズのような後味がある。枝には鋭い刺（とげ）があるが、これは動物に食べられないための作戦。ハリエンジュの名は刺のあるエンジュの木という意味。別名ニセアカシアは、オーストラリアやアフリカに自生するアカシアに似ていることから。

◇**分布**　北アメリカ原産
◇**よく見る場所**　公園・街路／砂防樹
◇**花の時期**　5～6月、香りがある
◇**果実の時期**　9～10月、褐色に熟す

ヤマフジ　落葉つる性木本。葉は互生、長さ15-25cm、小葉は9-13個。花穂は長さ10-20cm、花は長さ2-3cm。果実は長さ15-20cm。写真：左上＝花時

フジ　落葉つる性木本。葉は互生、長さ20-30cm、小葉は11-19個。花穂は長さ30-90cm、花は長さ1.2-2cm。果実は長さ10-19cm。写真：右＝花時、左下＝葉

フジとヤマフジ

藤／別名ノダフジ、山藤／別名ノフジ
マメ科
フジ *Wisteria floribunda*、ヤマフジ *W. brachybotrys*

古くからフジはつるの繊維で網や衣服をつくり利用してきた。藤衣は主に庶民の仕事着だった。フジは北海道を除く全国に分布する。花穂は上から咲き始めて長いものでは２ｍにもなるため、長い花を楽しむ知恵が藤棚に這わせる方法を生んだ。フジは剪定（せんてい）管理で木のように仕立てることができる。野生では高木に絡みついて覆いかぶさり、つるで締めつけて日の光を独占し枯らしてしまうこともある。ヤマフジの分布は近畿以西で花穂は短く一斉に咲く。見分け方は、親指を立ててつるが伸びる方向に当て、指先の方向で、フジは左手巻き、ヤマフジは右手巻きとなる。

◇**分布**　フジは本州～九州、ヤマフジは本州（近畿以西）～九州
◇**よく見る場所**　公園・庭園・庭
◇**花の時期**　４～５月、香りがある
◇**果実の時期**　フジは９～10月、ヤマフジは11月

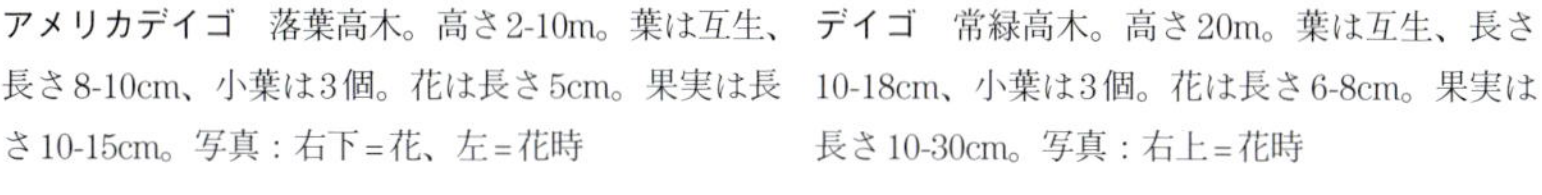

アメリカデイゴ　落葉高木。高さ2-10m。葉は互生、長さ8-10cm、小葉は3個。花は長さ5cm。果実は長さ10-15cm。写真：右下＝花、左＝花時

デイゴ　常緑高木。高さ20m。葉は互生、長さ10-18cm、小葉は3個。花は長さ6-8cm。果実は長さ10-30cm。写真：右上＝花時

デイゴとアメリカデイゴ

梯姑／別名シトウ、アメリカ梯姑／別名カイコウズ
マメ科
デイゴ*Erythrina variegata*、アメリカデイゴ*E. crista-galli*

インド原産のデイゴは沖縄では県の花として親しまれ、インドでは緑陰樹として利用される。仏教の経典に出てくる曼荼羅華(まんだらげ)はデイゴだといわれている。

アメリカデイゴはブラジルからアルゼンチンにかけて自生がある。その年に伸びた枝先に花芽がつくので、日本では6月から寒くなるまで花が見られる。別名カイコウズ（海紅豆）と呼ばれ鹿児島県の県木。オウムの嘴(くちばし)のような花の奥にはさらりとした蜜がたくさんあり、鳥が送粉していると思われる。日本には江戸時代に渡来している。

◇**由来**　デイゴはアジア・アフリカの熱帯〜亜熱帯
アメリカデイゴは南アメリカ原産
◇**よく見る場所**　公園・庭・街路
◇**花の時期**　デイゴ3〜4月、アメリカデイゴ6〜9月
◇**果実の時期**　秋、黒褐色に熟す

ヤマハギ　落葉半低木。高さ2mほど。葉は互生、小葉は3個で長さ1.5-4cm。花の長さ1-1.5cm。果実は径5-7mm。写真：右＝花時、左上＝果実時、左下＝花と葉（右は裏、左は表）

ヤマハギ

山萩
マメ科
Lespedeza bicolor

山地に生え、庭や公園にも植えられる。秋の七草にいう「萩」はこのヤマハギのこと。食べられる春の七草とは違い、「萩の花尾花（おはな）葛花（くずはな）なでしこが花をみなへしまた藤袴（ふじはかま）朝顔が花」（山上憶良）と、花を楽しむ秋の七草に数えられるだけあり、紅紫色の美しい蝶形花を咲かせる。花の時期にはミツバチやキチョウがよく訪れる。ヤマハギはキチョウの幼虫の食草でもある。ヤマハギ（俗にハギという）の名は古い株から芽吹く「生え芽（はぎ）」から転じたという。ヤマハギ以外にもキハギ、シロバナハギ、ツクシハギ、マルバハギなどが自生し、どれも区別せずハギとも呼ばれる。

◇**分布**　北海道～九州、朝鮮、中国、ウスリー
◇**よく見る場所**　公園・庭園・庭
◇**花の時期**　7～9月、香りがある
◇**果実の時期**　10月、褐色に熟す

ナツグミ　落葉高木。高さ2-4m。葉は互生、長さ3-9cm幅2-5cm。花は長さ7-8mm。果実は径1.2-1.7cm。写真：左上＝花時、左下＝果実時

アキグミ　落葉高木。高さ2-5m径20cm。葉は互生、長さ4-8cm幅1-2.5cm。花は長さ7-8mm。果実は径6-8mm。写真：右上＝花時、右下＝果実時

アキグミとナツグミ

秋胡頽子、夏胡頽子／別名カントウナツグミ
グミ科
アキグミ *Elaeagnus umbellata*、ナツグミ *E. multiflora*

グミの仲間は種類が多く、全国に数多く自生する。ナワシログミ（ハルグミ）、ナツグミ、アキグミと、実が熟す時期により名づけられているものも多い。アキグミは秋に熟し、多くのグミが楕円形の実をつける中で、本種は丸い実をつける。完熟すると渋みが消え甘酸っぱく食べられる。グミの仲間は根に共生菌類をもち、空中窒素を固定するので、痩せた土地でも生育でき法面(のりめん)などに植えられる。

ナツグミは関東地方に多いのでカントウナツグミともいう。実は水洗いしてから乾燥させ果実酒にする。疲労回復に効果がある。

◇**分布**　アキグミは北海道南部～九州、朝鮮～ヒマラヤ、ナツグミは本州（福島～静岡）太平洋岸

◇**よく見る場所**　公園・庭

◇**花の時期**　アキグミ4～6月、ナツグミ4～5月

◇**果実の時期**　アキグミ9～11月、ナツグミ5～7月

サルスベリ　落葉高木。高さ3-7m径30cmほど。葉は対生、長さ4-10cm幅2-5cm。花房は長さ10-25cm、花は径3-4cm。果実は径1-1.5cm。写真：右上＝花、右下＝白花品、左上＝果実時、左下＝樹皮

サルスベリ

猿滑・百日紅／別名サルナメリ・ヒャクジッコウ
ミソハギ科
Lagerstroemia indica

サルスベリは中国南部原産。花がきれいで長い間咲くので、中国では古くから栽培されていた。別名ヒャクジッコウ（百日紅）は中国名に由来する。サルスベリという粋な名は木肌の印象からつけられた。四季のある日本に自生する花木には夏に花を咲かせるものが少なく、花が乏しい時期に枝先に次々と花を咲かせるサルスベリは庭の貴重な点景だ。この性質は亜熱帯で進化した証拠。故郷は温暖な条件が整っていたのだろう。日本では冬を越すために完全に休眠してしまい、遅霜の危険がなくなってから芽が動き始める。シマサルスベリは沖縄に自生がある。

◇**由来**　中国南部原産
◇**よく見る場所**　公園・庭園・庭
◇**花の時期**　7月上旬〜10月上旬
◇**果実の時期**　10月、茶褐色に熟す

ミツマタ　落葉低木。高さ2mほど。葉は互生、長さ9-25cm幅2-6cm。花は長さ8-15mm。写真：左上＝花時、左下＝果実時

ジンチョウゲ　常緑低木。高さ1-2m。葉は互生、長さ4-9cm幅1.5-3cm。花は長さ8mmほど。果実は径1cmほど。写真：右上＝花時、右下＝果実

ジンチョウゲとミツマタ

沈丁花／別名ハナゴショウ、三椏・三叉／別名ムスビギ
ジンチョウゲ科
ジンチョウゲ *Daphne odora*、
ミツマタ *Edgeworthia chrysantha*

春に香る花木の代表で、花の香りが沈香に似ているのでこの名がある。中国中部から雲南、ヒマラヤにかけて分布し室町時代に渡来した外来植物。花つきがいい雄株のみだったが最近は雌株も導入され赤い実が成る個体も見かける。挿し木で容易に殖やせるが、移植に弱く、大株を移すとほぼ枯れる。

ミツマタはコウゾ、ガンピと並ぶ三大和紙原木の一つで、樹皮には強靭な繊維があり、しわにも虫害にもなりにくく、紙幣や証書、株券など重要な紙の原料に用いられる。明治一二年頃、国立印刷局で本種を原料に紙幣をつくって以来、利用度は非常に高くなった。

◇**由来**　どちらも中国原産
◇**よく見る場所**　公園・庭園・庭
◇**花の時期**　ジンチョウゲ2～3月、ミツマタ3～4月
◇**果実の時期**　ジンチョウゲ6月、ミツマタ初夏

ユーカリ　常緑高木。高さ5-6mのものから100mほどまで。葉は卵形からヤナギのような細長いものまで多様。写真：右＝樹形、左上＝花時、左下＝葉と樹皮

ユーカリ

Eucalypt・Gum tree／別名ユーカリノキ
フトモモ科
Eucalyptus

ユーカリの仲間はオーストラリアを中心に600種以上が知られている。日本で見られるのは温暖多雨なタスマニア島原産の種類が多い。ユーカリは熱帯アジアで分化し乾燥に適応してオーストラリア大陸で分布を広げた。この仲間の葉は精油成分を含みあまり虫に葉を食べられることはない。コアラが食べるユーカリは十数種だが、いずれも葉の精油成分の少ない種類。タスマニア島にはコアラが食べられる種類が分布していないため、生息していない。生長が早く広葉樹の中で最も巨大になる。イギリス人が入植したとき切り倒して測った木で120mという記録がある。

◇**由来**　主にオーストラリアに原産
◇**よく見る場所**　公園・街路
◇**花の時期**　夏、香りがある
◇**果実の時期**　秋

マキバブラッシノキ　常緑低木。高さ1.5mほど。葉は互生、長さ3-15cm幅3-5cm。花穂は長さ12cmほど。果実は径6-10mm。写真：右上＝花穂、右下＝葉と果実の残る枝、左＝花時

マキバブラッシノキ

槙葉ブラッシの木／別名カリステモン

フトモモ科

Callistemon rigidus

この仲間の属名からカリステモンとも呼ぶ。カリステモンはオーストラリアに分布の中心があり、日本には明治中頃に園芸植物として導入された。紅い雄しべが長く突き出したブラシのような花が次々と咲き、異国情緒があるので都会の庭に植えられる。耐寒性があり氷点下10℃でも枯れないが、葉が痛むので太平洋岸に植えられることが多い。ブラッシノキの実は、蛸(たこ)の吸盤のように枝に密着していて、野火や山火事で焼かれないと種子を出さないので、日本に植えられている木には何年も実が枝に残ったままになっていることが多い。

◇**由来**　オーストラリア原産
◇**よく見る場所**　公園・庭
◇**花の時期**　３～７月
◇**果実の時期**　数年後、灰褐色に熟す

カンレンボク　落葉高木。高さ20-25m。葉は互生、長さ12-28cm幅6-12cm。花房は径4cmほど。果実は長さ2-2.5cm。写真：右上＝花時、右下＝葉、左上＝果実、左下＝果実時

カンレンボク

旱蓮木／別名キジュ
オオギリ科
Camptotheca acuminata

以前はヌマミズキ科という聞き慣れない科に分類されていた。高木になることから中国では千丈樹、旱蓮木の名があり、和名のカンレンボクは中国名に由来する。別名のキジュ（喜樹）は生薬名による。全株にカンプトテシン、根にはベンテルピン、果実にヒドロキシカンプテシンなどアルカロイドを含む毒性の強い成分がある。なかでもカンプトテシンの毒性反応が強く、肝臓に強く毒性が及ぶという報告がある。抗がん剤や抗白血病薬に用いられ、胃がんや直腸がんなどに効果があるともいわれるが、副作用の報告もあるので、あくまでも生兵法は避けたい。

◇**由来**　中国南部原産
◇**よく見る場所**　公園
◇**花の時期**　7〜8月
◇**果実の時期**　10〜11月、淡黄褐色に熟す

ハンカチノキ　落葉高木。高さ15-20m。葉は互生、長さ9-15cm幅7-12cm。頭花は径2cmほど。苞は長さ7-20cm。果実は径3-4cm。写真：右上＝花、右下＝果実時、左＝花時

ハンカチノキ

別名ハトノキ
オオギリ科
Davidia involucrata

中国奥地でプラントハンティングをしたフランス人神父が発見したために神父の名が属名になっている。近縁の種類が少ない樹木。

日本では東京大学付属小石川植物園にある木が最も大きい。白い苞(ほう)が印象的で、最近人気が出て、公園や街路樹として利用され始めた。これから10年ほどで各地に広まるだろう。

4月下旬から5月に咲くが、開花時期は花よりも木全体から臭気が漂う。ハンカチを吊したような苞に見とれるついでに鼻も効かせてみよう。花の時期が終わると香りはしなくなる。個々の花でなく葉や枝で虫を呼ぶ木もある。自然界の戦略の妙味を感じさせる。

◇**由来**　中国原産
◇**よく見る場所**　公園・街路
◇**花の時期**　4月下旬〜5月、香りがある
◇**果実の時期**　秋、紫褐色に熟す

ザクロ　落葉高木。高さ4-9m。葉は対生、長さ2-9cm幅1-2cm。花は径3-4cm。果実は径4-9cm。写真：右＝花時、左上＝八重の花、左下＝果実時

ザクロ

石榴・柘榴／別名セキリュウ・シャクロ
ザクロ科［ミソハギ科］
Punica granatum

古代ギリシア・ローマ時代には、ザクロは大地を甦らせる女神と結びつけられ、ヴィーナスなどの持ち物とされた。以後、甦り（復活）のシンボルとされるようになり、一五世紀に活躍したイタリアの画家ボッティチェリの作品「聖母子（せいぼし）」などでは、幼いキリストの手にザクロの実が持たされている。種子がたくさん詰まっている果実は豊穣のシンボルとされた。人間の子どもを毎日さらっては食べていた鬼子母神が釈迦に戒められ、子どもの肉の代わりと渡されたのが本種の実であると伝えられている。日本には一〇世紀頃に渡来し、実より花を観賞する。

◇**由来**　小アジア原産
◇**よく見る場所**　庭園・庭
◇**花の時期**　6～7月
◇**果実の時期**　9～10月、黄紅色に熟す

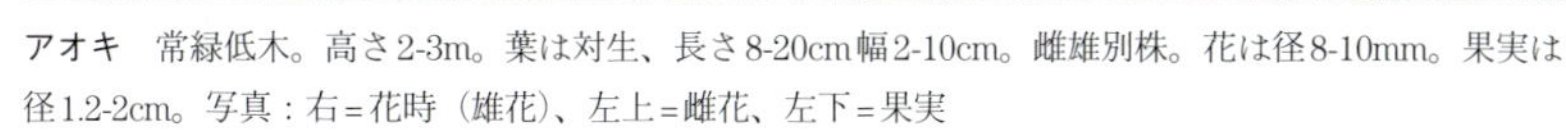

アオキ　常緑低木。高さ2-3m。葉は対生、長さ8-20cm幅2-10cm。雌雄別株。花は径8-10mm。果実は径1.2-2cm。写真：右＝花時（雄花）、左上＝雌花、左下＝果実

アオキ

青木／別名トウヨウサンゴ
ミズキ科［ガリア科］
Aucuba japonica

林内や林辺の薄暗い環境でも生長できる木で、こういう木を陰樹という。雌雄別株なので雄株と雌株が側にないと結実しない。秋から冬にかけて赤く熟す実が、濃緑の葉に映えて美しく、日本から導入したヨーロッパでも人気がある。これはヒヨドリなどの鳥を引き寄せ食べられることで糞とともに種を散布してもらう作戦だ。形がいびつな実の中にはアオキミタマバエが寄生していて赤くならない。若い枝や幹にも葉緑素があり緑青色だが、これは薄暗い環境でも効率よく光合成をして生きるための工夫。アオキの名は幹まで青いことからついた。斑入りの園芸品種も多い。

◇**分布**　本州（中国地方を除く）・四国
◇**よく見る場所**　公園・庭園・庭
◇**花の時期**　3～5月
◇**果実の時期**　翌年の1～3月、赤色に熟す

ミズキ　落葉高木。高さ10-15m径20-30cm。葉は互生、長さ6-15cm幅3-8cm。花房は径6-12cm。果実は径6-7㎜。写真：上＝ミズキの花時、右下＝クマノミズキの花時、左下＝ミズキの若い果実時

ミズキ

水木／別名ハシカノキ・ダンゴノキ
ミズキ科
Swida controversa

山野に自生し、渓谷周辺などの水分条件のよい場所を好む。ミズキの名は「水木」で、よく水を吸い上げることから。春先に枝や幹の樹皮を傷つけると、水が滴る様子が観察できる。生長が早く、年ごとに車輪状に枝を伸ばすので、特徴のある樹形になる。春には棚のように広げた枝葉の上に小さな花が集まり、雲海のように開花する。落葉期には枝が赤く色づきサンゴのようで美しい。葉は側脈が平行に走り、ミズキ科の特徴をよく示している。よく似たクマノミズキは葉が対生なので区別できる。建築材、器具材、庭園樹、こけしや印鑑の材などに利用される。

◇**分布**　北海道～九州、朝鮮、中国
◇**よく見る場所**　公園・雑木林
◇**花の時期**　5～6月
◇**果実の時期**　10月、紫黒色に熟す

サンシュユ　落葉高木。高さ5m径30-50cm。葉は対生、長さ4-12cm幅2-7cm。花房は径2-3cm、花は径4-5mm。果実は径1.2-2cm。写真：右上＝花、右下＝葉、左上＝花時、左下＝果実時

サンシュユ

山茱萸／別名ハルコガネバナ・アキサンゴ
ミズキ科
Cornus officinalis

サンシュユという名は漢方薬名に由来し、江戸中期に薬として渡来し栽培されたためにこう呼ばれる。春、葉より早く枝一面に黄色い小花を咲かせ切り花としても利用される。ハルコガネバナの別名がある。剪定にも強く盆栽や庭木としても好まれた。秋に実が赤く熟し、この実の果肉から生薬の「山茱萸」を採る。薬効は滋養、強壮、収斂作用が知られている。果肉はまた酒に漬けてサンシュユ酒としても利用する。宮崎県の民謡稗搗節に「庭の山茱萸の木に鳴る鈴かけて」と歌われるが、渡来時期以前から稗搗節が歌われているので山椒ではないだろうか。

◇**由来**　朝鮮原産
◇**よく見る場所**　公園・庭園・庭
◇**花の時期**　3～4月
◇**果実の時期**　5月、赤色に熟す

ハナミズキ　落葉高木。高さ5-7m。葉は対生、長さ8-10cm。花は径4-5cm、苞は長さ3cmほど。果実は長さ1cmほど。写真：上＝花時、右下＝果実時、左下＝葉と果実

ハナミズキ

花水木／別名アメリカヤマボウシ
ミズキ科
Benthamidia florida

ハナミズキは北アメリカ東部原産で、現地では昔この木の皮を煎じてイヌの皮膚病に用いたためドッグウッドと呼ばれている。一九一五年に40本の苗木が届いたのが日本への導入の始まり。当時の尾崎行雄東京市長がアメリカにソメイヨシノの苗木を贈った返礼だった。ハナミズキはアメリカを代表する花木で、春に葉が開く前に開花し、4枚の苞(ほう)が美しい。野生種の花は白い。赤花の品種は実生から選別され接木で増やされるため、赤白交互に植えた街路樹では赤花の樹勢が弱く、幹が細かったり枯れたりしている。近年はウドンコ病が蔓延して植えなくなってきた。

◇**由来**　北アメリカ東部原産
◇**よく見る場所**　公園・庭園・街路
◇**花の時期**　4～5月
◇**果実の時期**　10月、深紅色に熟す

ヤマボウシ　落葉高木。高さ5-10m径20-30cm。葉は対生、長さ4-12cm幅3-7cm。花は径4-9cm、苞は長さ3-6cm。果実は径1.2-2cm。写真：右上＝果実期、右下＝果実、左上＝花時、左下＝ベニバナヤマボウシ

ヤマボウシ

山法師／別名ヤマグワ・イツキ・カラグワ
ミズキ科
Benthamidia japonica

秋にイチゴのように赤く熟す果実は甘くておいしい。生でも食べられるがジャムの材料としてもよい。庭園樹、街路樹にするほか、材は器具材に利用される。水分条件のよい環境を好み乾燥地ではあまり見られない。アメリカ原産のハナミズキ（アメリカヤマボウシ）とよく似るが、総苞片の先がとがることと実の形で区別できる。総苞片が淡紅色のベニバナヤマボウシや常緑のヒマラヤヤマボウシなども庭木にされている。ヤマボウシの名は花の中央にある丸い花房を坊主頭に、4枚の白い総苞片を頭巾に見立てて「山法師」と呼んだことから。樹皮はまだらにはげる。

◇**分布**　本州～沖縄、朝鮮
◇**よく見る場所**　公園・庭園・庭・街路
◇**花の時期**　5～7月、香りはない
◇**果実の時期**　9～10月、赤色に熟す。食べられる

ニシキギ　落葉高木。高さ1-2m径2-5㎝。葉は対生、長さ2-9㎝幅1-4.5㎝。花は径6-8㎜。果実は径5-8㎜。写真：右上＝花時、右下＝花、左上＝果実期、左下＝枝に発達した翼

ニシキギ

錦木／別名シラミコロシ・ヤハズニシキギ
ニシキギ科
Euonymus alatus

秋の紅葉が非常に美しいので庭木や盆栽、公園樹に利用される。また「錦を飾る」の祝意から学校に植えられることもある。枝は若いときは緑色だが、やがてコルク質の翼（よく）が4枚十字に発達する。成熟した実が割れると中から赤い実が1～2個現れる。この実はよく小鳥たちを呼び寄せるが、ほとんど食べるところがなく、鳥たちは色で騙（だま）されているようだ。枝にあるコルク質の翼は生薬で衛矛（えいぼう）と呼ばれ、月経不順に処方される。ツリバナと同様に、昔は実をシラミの駆除剤に使った。ニシキギの名はその紅葉の美しさを錦にたとえたことによる。別名シラミコロシ。

◇**分布**　北海道～九州、朝鮮、中国東北部～ウスリー
◇**よく見る場所**　公園・庭園・庭・校庭
◇**花の時期**　5～6月
◇**果実の時期**　10月、褐色に熟す

マサキ　常緑低木。高さ1-5m。葉は対生、長さ3-8cm幅2-4cm。花は径7mmほど。果実は径6-8mm。写真：右上＝若い果実期、右下＝裂開した果実（フイリマサキ）、左＝花時

マサキ

柾・正木／別名ニシキシバ
ニシキギ科
Euonymus japonicus

マサキは海岸に自生しているため葉は厚くて表面は光沢が強い。剪定(せんてい)にも耐えるので、生垣や庭木にされるが、うどんこ病になりやすい欠点がある。またユウマダラエダシャクなどのシャクガの幼虫（尺取虫）がよく発生する。斑入りなど多くの園芸品種がつくられている。実は球形で秋に熟して3～4裂するとオレンジ色の種子が現れる。連歌や俳句の世界ではマサキは秋の季語となる。マサキの名はその葉がつねに青々していることから「マサオキ（真青木）」と呼ばれ、それがつまったものと考えられている。中国地方ではニシキシバの別名もある。

◇**分布**　北海道（渡島半島）～沖縄、朝鮮、中国
◇**よく見る場所**　公園・庭園・庭
◇**花の時期**　6～7月
◇**果実の時期**　10月、茶褐色に熟す

マユミ　落葉高木。高さ15mほど。葉は対生、長さ5-15㎝幅2-8㎝。花は径1㎝ほど。果実は径1㎝ほど。写真：上＝花時、右下＝葉（左は表、右は裏）、左下＝果実時

マユミ

真弓・檀／別名ヤマニシキギ・ユミギ
ニシキギ科
Euonymus sieboldianus

マユミは「真弓」と書き、別名ユミギ（弓木）とも呼ばれる。どちらも、折れにくく弾力のある枝が特に弓をつくるのに適していることから名づけられた。

北海道ではマユミを「エリマキ」と呼び、材が白く滑らかで美しいため民芸品や彫刻物の材料にする。アイヌはこの丈夫な材で杓子（しゃくし）や箸（はし）などの食器類をつくった。これほど材として重用されながらも造林されることがなかったため、現在では材の供給がむずかしくなっている。秋の紅葉が非常に美しく庭木や盆栽、公園樹にも利用される。秋にはツリバナに似た赤い実をぶら下げ、小鳥たちを誘う。

◇**分布**　北海道～九州、樺太、朝鮮
◇**よく見る場所**　公園・庭園・庭
◇**花の時期**　5～6月
◇**果実の時期**　10月頃、淡紅色に熟す

ツリバナ　落葉亜高木。高さ5mほど。葉は対生、長さ3.5-10㎝幅2-5㎝。花は径8㎜ほど。果実は径1㎝ほど。写真：上＝花時、下＝果実時

ツリバナ

吊花／別名ツリバナマユミ
ニシキギ科
Euonymus oxyphyllus

ツリバナ（吊花）の名は、長く垂れ下がった柄に吊られるように花や実がつくことからきている。花は5弁で淡い紫の小花が集まって咲く。秋に赤く熟した実は5裂し、中から朱赤色の皮のある種（たね）が下がる。この赤い実は小鳥たちを誘い食べられることによって種が遠くまで運ばれる。マユミの実は稜（りょう）が4本あり、ツリバナは5本なので、この点でも区別できる。ツリバナは紅葉も美しく風情があるので日本庭園の茶室の庭に植えられたりする。庭木や盆栽にも利用される。戦後、シラミの駆除にDDTが使われるまでは、この実をシラミ駆除に使っていた。

◇分布　北海道～九州、南千島、朝鮮、中国
◇よく見る場所　庭園・庭
◇花の時期　5～6月
◇果実の時期　9～10月、茶褐色に熟す

ウメモドキ　落葉低木。高さ1.5-2m。葉は互生、長さ2-7cm幅1.5-3cm。雌雄別株。花は径3-3.5mmほど。果実は径5mmほど。写真：右＝花時、左上＝果実時、左下＝シロウメモドキの果実時

ウメモドキ

梅擬
モチノキ科
Ilex serrata

ウメモドキは日本固有種。野生の個体はあまり多くはないが、山地の湿めった場所に見られる。花は目立たないが赤い実はとても美しいので庭木として人気がある。葉はエゴノキに似るが、両面に毛が多く、特に裏面の葉脈上には長めの毛が密生する。晩秋に赤い実を大量につけ、葉が落ちた後は特に目立つ。この実を野鳥たちが好んで食べる。ウメモドキの名は枝の伸び方や葉の様子がウメに似ることによる。実の白いシロウメモドキ、黄色いキミノウメモドキなどがあり、庭木にされる。ツルウメモドキは名前が似ているがニシキギ科のまったく別の種。

◇**分布**　本州～九州
◇**よく見る場所**　公園・庭園
◇**花の時期**　5～7月
◇**果実の時期**　11月、赤く熟す

アオハダ　落葉高木。高さ5-8m径20-30㎝。葉は互生、長さ3-7㎝幅2-5㎝。雌雄別株。花は径2㎜ほど。果実は径7㎜ほど。写真：右＝果実期、左＝花時（雄花）

アオハダ

青膚／別名マルバウメモドキ・コウシュウブナ
モチノキ科
Ilex macropoda

全国の山地に普通に生える。灰白色の樹皮は薄く、爪で簡単に削れて現れる内皮は鮮やかな緑色で、これがアオハダ（青膚）の名の由来となった。葉は長枝で互生、短枝で束生する。この葉はお茶の代用になり、新芽は食用になる。葉の裏面に光沢があり脈の上に毛が多く、触るとすべすべしている。短枝は極端に短く葉のついた痕（あと）がでこぼこに残り目につく。材は白く器具材に利用される。雌雄別株で花は一つ一つは小さいが、雄花は球状に集まり、雌花は数個が集まって咲く。秋に赤く熟す果実は葉が落ちた後にも残り、とても目立つ。野鳥のよい餌となる。

◇分布　北海道～九州、朝鮮、中国中南部
◇よく見る場所　公園・庭園
◇花の時期　6月
◇果実の時期　10月、赤色に熟す

タラヨウ　常緑高木。高さ7-10m径30-40㎝。葉は互生、長さ10-17㎝幅4-7㎝。雌雄別株。花は径4㎜ほど。果実は径8㎜ほど。写真：右＝花時、左＝果実時

タラヨウ

多羅葉／別名モンツキシバ・ノコギリシバ
モチノキ科
Ilex latifolia

暖地の山地に生え、庭や寺院にもよく植えられている。葉は厚く、この葉の裏面にとがった棒などで字を書いてしばらくすると、茶色に変色してきれいに読める。裏面には葉脈がほとんど見えず、大きさも葉書に代用できそう。郵便局の木に指定されている。公園や庭園に植えられるが、お寺に大木が残っていることがある。タラヨウの名はかつてインドの僧がヤシ科の「多羅樹」の葉を写経に用いたことになぞらえられて、字を書けることから多羅葉（たらよう）と呼んだことによる。別名モンツキシバは線香の火を葉につけると黒い環が現れることからついた。

◇**分布**　本州（静岡以南）～九州、中国
◇**よく見る場所**　庭園・校庭・寺院
◇**花の時期**　5～6月
◇**果実の時期**　10～11月、赤色に熟す

モチノキ　常緑高木。高さ6-10m径20-30㎝。葉は互生、長さ4-7㎝幅2-3㎝。雌雄別株。花は径3㎜ほど。果実は径1㎝ほど。写真：右上＝果実、右下＝雌花、左上＝花時、左下＝雄花

モチノキ

黐木／別名トリモチノキ
モチノキ科
Ilex integra

モチノキは、樹皮からネバネバしたものを採り、染料や鳥もちをつくったのが名の由来で、このネバネバを野鳥やセミなどを捕まえるのに使っていた。海岸に近い山地に多く見られ、ウバメガシと混生していることもある。モッコクと並んで庭木の王様と呼ばれ、古くから庭に植えられてきた。葉の縁は波状でほとんど全縁に見えるが、若い枝や幼木の葉では鋭い鋸歯（きょし）が出ることがある。初冬に赤く熟す実は野鳥たちの大切な冬越しの餌となり、多くの鳥を呼び寄せる。日当たりの悪いところではアブラムシやカイガラムシが寄生し、すす病になることが多い。

◇**分布**　本州（東北以南）～九州、朝鮮
◇**よく見る場所**　公園・庭園・庭
◇**花の時期**　4月
◇**果実の時期**　10～11月、赤色に熟す

クロガネモチ　常緑高木。高さ5-10m。葉は互生、長さ6-10㎝幅2.5-4㎝。雌雄別株。花は径1.5-2㎜ほど。果実は径6㎜ほど。写真：上＝果実期、右下＝葉（上は表、下は裏）、左下＝雄花

クロガネモチ

黒鉄黐／別名フクラシバ・フクラモチ・クロガネノキ
モチノキ科
Ilex rotunda

暖地の山野に点々と生えていることが多く、よく庭木に利用されている。刈り込みにも耐えてよく萌芽(ほうが)し、排気ガスにも強いので街路樹や生垣にもされる。厚く光沢のある葉は濃緑色だが、縁は明るい緑色の線で縁取られている。シンジュサンという大型の蛾の幼虫がつく。春の新芽の頃に古い葉を一斉に落とし新旧交代する。モチノキより小さめの赤い実を房状につけ、小鳥たちはこの実を好んで食べる。樹皮からは鳥もちが採れるが質はいまひとつよくない。

クロガネモチの名は葉柄や小枝が紫黒色を帯びることによる。

◇**分布**　本州（関東）〜沖縄、朝鮮、中国〜ベトナム
◇**よく見る場所**　庭・街路
◇**花の時期**　6月
◇**果実の時期**　10〜11月、赤色に熟す

ソヨゴ　常緑高木。高さ3-7m径10-20㎝。葉は互生、長さ4-8㎝幅2-3.5㎝。雌雄別株。花弁は長さ1.5-2㎜ほど。果実は径8㎜ほど。写真：右上＝花、右下＝果実時、左＝花時

ソヨゴ

別名フクラシバ
モチノキ科
Ilex pedunculosa

暖地の山地、特に二次林に多く見られる。花の数は多くないが良質な蜂蜜が採れるので、蜜源として大切にされている。材は建築材にはならないが炭の材としては良質である。長い柄の先に赤い実をつける様子が美しく、庭木としても人気がある。葉は主脈が明るい色で目立ち、縁は波打つ。熱するとパチンと音を立てて弾ける。枝葉は祭事神事に用いられ、正月の松飾にも添えられる。

ソヨゴの名は葉や長い柄につく実が風に「そよぐ」さまからついた。別名「フクラシバ」は葉が熱で膨らんで弾ける様子からつけられた。

◇**分布**　本州（関東以南）～九州、中国南部
◇**よく見る場所**　庭園
◇**花の時期**　6～7月
◇**果実の時期**　10～11月、赤色に熟す

イヌツゲ　常緑亜高木。高さ2-6m径10-15㎝。葉は互生、長さ1-3㎝幅0.5-1.6㎝。雌雄別株。花弁は長さ2㎜ほど。果実は径6-7㎜。写真：右上＝花時、右下＝虫こぶ、左上＝果実、左下＝葉

イヌツゲ

犬黄楊・柞木／別名ヤマツゲ・ニセツゲ
モチノキ科
Ilex crenata

イヌツゲはツゲとよく似ているので区別する必要から名づけられた。伊豆諸島の御蔵島はツゲの産地で、山に残る原生林にはツゲとイヌツゲが混生していた。イヌツゲの葉は互生し、ツゲは対生するので区別できる。材質では劣るイヌツゲも耐陰性があり剪定(せんてい)にも耐えるので生垣や仕立て物に適し、和風庭園には欠かせない。トピアリー仕立ても人気がある。葉がコブ状に膨れていることがあれば、イヌツゲタマバエの虫こぶ（イヌツゲメタマフシ）である。雌雄別株で、雄花は多数が集まり、雌花は一つずつ咲く。モチノキの仲間の実は赤いがイヌツゲ類だけが黒い。

◇**分布**　本州（岩手～近畿）・四国・九州、朝鮮
◇**よく見る場所**　公園・庭園・庭
◇**花の時期**　6～7月
◇**果実の時期**　10～11月、黒色に熟す

ツゲ　常緑低木。高さ2-3m径5-10㎝。葉は対生、長さ1-3㎝幅5㎜。雌雄同株。花は径2㎜ほど。果実は長さ1㎝ほど。写真：右上＝花、右下＝葉、左＝花時

ツゲ

黄楊／別名アサマツゲ・ホンツゲ
ツゲ科
Buxus microphylla var. *japonica*

黄白色で堅いツゲの材は、古くから櫛（くし）や印鑑、将棋の駒などにされた。伊豆七島の御蔵島では今でもツゲの原生林が残っている。樹齢100年たっても幹は径10㎝ほどにしかならない。万葉集にはツゲを詠んだものが6首あり、そのうち5首が櫛に関連している。高級な櫛の材は20年以上束ねて乾燥させ反りをなくしてから使われる。ブラシに比べ、はるかに静電気が起こりにくく髪を傷めない。長年使い込むことで飴色に染まり、手になじんで美しい。イヌツゲ（モチノキ科）の葉は互生で、ツゲの葉は対生につく。原生林では混生し、材の柔らかい方をイヌツゲと呼んだ。

◇分布　本州（関東）～九州
◇よく見る場所　庭園・庭
◇花の時期　3～4月
◇果実の時期　10月、緑褐色に熟す

アカメガシワ　落葉高木。高さ15-20m径50-60㎝。葉は互生、長さ10-30㎝幅6-15㎝。雌雄別株。花房は長さ7-20㎝。果実は径8㎜ほど。写真：右上＝雌花、右下＝雄花、左上＝果実時、左下＝新芽時

アカメガシワ

赤芽柏／別名アカメギリ・ゴサイバ
トウダイグサ科
Mallotus japonicus

アカメガシワは都会の片隅でも陽が当たる環境があれば、いち早く芽吹くパイオニア植物である。芽吹くには種(たね)に巧妙な仕掛けが施されていて、25℃の温度で数日、32～40℃の温度で数時間、最後に20℃以上の温度にしばらくさらされるといった三段階の条件が必要である。新芽の赤さは名の由来でもあるが、細胞内の色素ではなく、表面に生えている毛の色である。爪で少し削ってみると緑色が現れる。若葉の頃から黄葉するまで、葉の基部にある1対の蜜腺(みっせん)から蜜を出し続けているため、アリがやってきては舐(な)めている。雌雄別株で雄花は香りが強い。

◇**分布**　本州（宮城・秋田以南）～沖縄、朝鮮、中国
◇**よく見る場所**　公園
◇**花の時期**　7月、香りがある
◇**果実の時期**　10～11月、褐色に熟す

オオバベニガシワ　落葉低木。高さ1-3m。葉は互生、長さ6-13㎝幅9-17㎝。雌雄同株。雄花序は長さ1-3㎝、雌花序は長さ4-5㎝。果実は径1㎝。写真：右上＝雌花、右下＝成葉、左＝花時（雄花）

オオバベニガシワ

大葉紅柏／別名オオバアカメガシワ

トウダイグサ科

Alchornea davidii

中国東南部原産の落葉低木。春の芽立ち時が独特の紅い色合いで美しい。春の輝く二週間が過ぎると葉は黄色味を帯びやがて緑色になる。まさに紅葉の逆の現象を春に楽しむことのできる樹木だが、残念なことに緑葉となると忘れられた存在となってしまう。樹形は株立ちだが、少し離れた根から芽が伸び出て藪のようになりやすいため、狭い庭では切られてしまうことも多い。

雄花は去年以降に伸びた古い枝にまとまってつき、蕾のうちは赤紫のブドウの房状、雌花は新芽の脇に咲き、紅い3本のひも状となり、若葉の赤と似た色なので目立たない。

◇**由来**　中国東南部原産
◇**よく見る場所**　公園・庭
◇**花の時期**　4月
◇**果実の時期**　秋、褐色に熟す

ナンキンハゼ　落葉高木。高さ15m径35㎝ほど。葉は互生、長さ3.5-7㎝幅3-4㎝。雌雄同株。花穂は長さ6-18㎝。果実は径1㎝ほど。写真：右＝花時、左上＝果実、左下＝種

ナンキンハゼ

南京櫨／別名リュウキュウハゼ・トウハゼ
トウダイグサ科
Sapium sebiferum

ナンキンハゼは中国から渡来した。昔は中国などからの渡来物に「南京」をつけて呼ぶことがあり、この木は種（たね）から蠟が採れたので「渡来物のハゼ」の意味でこの名がついた。花には香りがある。実は同じ属の自生種シラキに似て三つの球形を集めたような形をしている。それが裂けると中から蠟質に覆われた白い種が現れる。白い蠟質は仮種皮で、本当の種はその中にあり黒く球状で有毒。ムクドリなどの野鳥がこの種を食べ、蠟状物質を消化吸収して種を排泄し散布を助ける。種はクラフトで目玉に使うとおもしろい。白い部分を削ると黒目が現れてくる。

◇**由来**　中国原産
◇**よく見る場所**　庭・街路
◇**花の時期**　7月、香りがある
◇**果実の時期**　11〜12月、黒褐色に熟す

ユズリハ　常緑高木。高さ4-10m。葉は互生、長さ15-20㎝幅4-6㎝。雌雄別株。花穂は長さ4-12㎝。果実は径6-10㎜。写真：右上＝花時（雌株）、右下＝紅葉時、左上＝花時（雄株）、左下＝果実時

ユズリハ

譲葉
ユズリハ科
Daphniphyllum macropodum

ユズリハの葉はウラジロやダイダイとともに正月の注連(しめ)飾りや鏡餅の飾りに使われる。新葉が展開した後に古い葉が垂れ下がり、じきに落葉する。この様子を親から子へ子から孫へと身代を譲る子孫繁栄の証として縁起をかついだ。『枕草子』には大晦日の魂祭(たままつ)りで、亡き人への供物の下に本種の葉を敷く風習が描かれている。「歯固め」といって、正月に硬いものを食べて歯の根を固め健康増進を願う行事でも食べ物の下に敷いたと伝えられている。中毒例は少ないものの、葉や樹皮にはダフマニクリンを含み、誤って食べると心臓麻痺や呼吸衰弱などの症状を引き起こす。

◇**分布**　本州（福島以南）～沖縄、朝鮮、中国
◇**よく見る場所**　公園・庭園・庭
◇**花の時期**　4～5月
◇**果実の時期**　10～11月、紅色から黒藍色に熟す

ケンポナシ　落葉高木。高さ15-25m径1mほど。葉は互生、長さ10-20㎝幅6-14㎝。花は径7㎜ほど。果実は径7-10㎜。写真：右＝花時、左上＝果実時、左下＝肥大した果柄（食べられる部分）

ケンポナシ

玄圃梨
クロウメモドキ科
Hovenia dulcis

木の実で甘いものは数多くあるものの、栽培種以外となるとその数は限られる。かつては食べられる果実を「ナシ」と呼んだが、ケンポナシは実ではなく肥大した果柄の部分を食べる。これがナシに似た香りと味がするためケンポナシと名がついた。玄圃（けんぽ）とは仙人の居所のことだという。ケンポナシでつくった酒は、悪酔いしないとされ、果実や果柄は利尿作用があり、二日酔いに効くそうだ。また、皮や枝をお茶として服用すると肝臓によいとされている。酒の友とはまさしくこの樹のことか。葉のつき方はコクサギ型葉序といって、2枚ずつ互生する。

◇**分布**　北海道～九州、朝鮮、中国
◇**よく見る場所**　雑木林・寺社林
◇**花の時期**　6～7月
◇**果実の時期**　9～10月、紫褐色に熟す

ナツメ　落葉高木。高さ10m。葉は互生、長さ2-4cm幅1-2.5cm。花は径5-6mm。果実は長さ2-3cm。写真：右上＝花時、右下＝果実、左＝果実時の樹形

ナツメ

棗
クロウメモドキ科
Zizyphus jujuba

古代中国では桃、李、杏、棗、栗を「五果」と呼び貴重な果物としていた。なかでも「1日3個ナツメを食べれば年を取らない」という諺があるほど、ナツメは老化防止、美肌効果に優れている。日本には古くから渡来し、延喜式にも、「乾棗（ほしなつめ）、大棗（たいそう）」の名が出ていて、昔から薬用にされていたことがうかがえる。名前の由来は、夏に新芽が出るから夏芽（なつめ）だという説がある。抹茶入れの棗は形がこの実に似ているから。挿し木、接木、取り木、実生で殖やすことができ、太めの根を切り浅く伏せておくだけでも芽を出し殖えてくれる。赤茶色に熟した実は青林檎（あおりんご）の味がする。

◇**分布**　中国北部原産
◇**よく見る場所**　庭
◇**花の時期**　6～7月
◇**果実の時期**　9～10月、暗赤色に熟す

ツタ　落葉性つる植物。つるは径5㎝ほど。葉は互生、長さ幅とも5-15㎝。花房は径3-6㎝。果実は径5-7㎜。写真：右上＝紅葉時、右下＝壁面を覆う葉、左上＝果実、左下＝新芽時、吸盤が発達している

ツタ

蔦／別名ナツヅタ・ツタモミジ・アマヅラ
ブドウ科
Parthenocissus tricuspidata

巻きひげの先端が吸盤状になり、樹木や壁を這いのぼるつる植物。秋の紅葉が美しく、ツタモミジとも呼ばれる。景観のために家屋や塀に這わせたり、庭木や盆栽にもする。甲子園球場の外壁を覆っているのもこのツタ。葉の形は変異がはげしく、若いときには卵形や3出複葉になるが、生長すると大型の3中裂になるものが多い。落葉のときは葉と柄がバラバラに落ちる。山野の林内よりもむしろ林縁に多く見られる。

ツタの名は「伝う」から転じたもので別名ナツヅタは冬に葉を落とすことによる。茎の汁が甘いので昔はアマヅラとも呼ばれた。

◇**分布**　北海道～九州、朝鮮、中国
◇**よく見る場所**　公園・庭
◇**花の時期**　6～7月
◇**果実の時期**　10月、藍黒色に熟す

ゴンズイ　落葉亜高木。高さ3-6m。葉は対生、長さ10-30㎝、小葉は5-11個で長さ5-9㎝幅2-5㎝。花穂は長さ15-20㎝。果実は径1-1.3㎝。写真：右上＝花、右下＝果実時、左＝花時

ゴンズイ

権萃／別名キツネノチャブクロ・クロクサギ
ミツバウツギ科
Euscaphis japonica

ゴンズイは関東以西の四国、九州、琉球、台湾、中国に自生がある1属1種の樹木。樹皮に特徴があり黒緑色で灰褐色の皮目が多く、縦に不規則な割れ目が入る。果実は半月状で赤く熟して裂けると、光沢のある黒い種(たね)が現れる。赤いきれいな実が目立つため庭や庭園に植えられる。海に棲む魚のゴンズイは食べてもおいしくなく、ヒレに毒針がある。それにかけて材の質が悪く使い物にならない役に立たないという意味でゴンズイとなったといわれる。葉は対生で奇数羽状複葉となり、タラノキやカラスザンショウにも似る。果実には吸汁するカメムシ類が多くつく。

◇分布　本州（茨城以南）～沖縄、朝鮮、中国
◇よく見る場所　庭園・庭
◇花の時期　5～6月
◇果実の時期　9月、赤色に熟す

ムクロジ　落葉高木。高さ25m径1mほど。葉は互生、長さ30-70㎝、小葉は4-8対で長さ7-20㎝幅2.5-5㎝。花房は長さ20-30㎝。果実は径1-1.5㎝ほど。写真：右上＝花時、右下＝葉、左＝果実時

ムクロジ

無患子／別名ツブ・ムク
ムクロジ科
Sapindus mukorossi

ムクロジはお寺によく植えられている。これはお釈迦さまが広めた数珠の最初の材料がムクロジの仲間の実だったからで、秋に成熟する黒くて大きな種（たね）（直径1.0〜1.5㎝）は羽根つきの羽根の球や数珠にされる。正月の羽根つきの羽根は、カやハエなどの衛生害虫や稲の害虫を食べるトンボに見立てたもの。ムクロジは「無患子」と書き「子が患わない」という意味だが、トンボに見立てた羽根を飛ばし、無病や豊作を祈る宮中行事が羽根つきのルーツだという。ムクロジの実の皮にはサポニンが含まれ、水に濡らして擦（こす）ると泡が立つので、昔は洗剤として使われた。

◇**分布**　本州〜沖縄、東〜南アジア
◇**よく見る場所**　庭園・寺院
◇**花の時期**　6月頃
◇**果実の時期**　11月、黄褐色に熟す

トチノキ　落葉高木。高さ20-30m径4mほど。葉は対生、小葉は5-9個長さ13-30㎝幅4.5-12㎝。花穂は長さ15-25㎝。果実は径3-5㎝。写真：右上＝ベニバナトチノキ、右下＝トチノキの樹皮、左＝花時

トチノキ

橡・栃／別名トチ
トチノキ科［ムクロジ科］
Aesculus turbinata

トチノキは普通7枚の小葉からなる大きな葉をつける。この葉は掌状複葉といって立派な1枚の葉である。材はきれいな木目が出て、高級板材とされる。トチの実は餅(もち)や煎餅(せんべい)などの土産物になっているが、デンプン質を採り出すのに半月近くかかる。手間がかかっても、昔の山里では貴重な救荒食料だった。花は蜜源として利用され、栃蜜が採れる。最近都会では紅い花が咲くベニバナトチノキが街路や公園に植えられている。これはアメリカ産のアカバナトチノキとヨーロッパ産のマロニエの交配種で、花つきはよいが実は若いうちに落ちてしまう。

◇**分布**　北海道～九州
◇**よく見る場所**　公園・街路
◇**花の時期**　5～6月、香りがある
◇**果実の時期**　10月、赤褐色に熟す

ハナノキ　落葉高木。高さ25-30m径1mほど。葉は対生、径4-10㎝。雌雄別株。花は長さ3㎜ほど。果実は長さ2.5㎝ほど。写真：右＝花時（雄花）、左上＝雄花、左下＝葉（右は表、左は裏）

ハナノキ

花木／別名ハナカエデ
カエデ科［ムクロジ科］
Acer pycnanthum

別名ハナカエデともいい、葉の開く前に花を咲かせる。雌雄別株で、雄株の花は葯(やく)がボリューム感を醸し出し見応えがある。自生地が限られていて、環境省のレッドデータブックでは絶滅危惧Ⅱ類に指定されている。滋賀県東近江市の北花沢と南花沢には巨木が2本あり、その昔、聖徳太子が百済寺を建立したとき、「仏法が末永く隆盛していくなら、この木も生長していくであろう」といって、自らの箸を北・南花沢村に1本ずつ挿したところ立派な木になったと伝えられている。北アメリカには近縁のアメリカハナノキがあり隔離分布の例といわれる。

◇分布　愛知・岐阜・長野の一部、日本固有
◇よく見る場所　公園・庭園・庭
◇花の時期　3～4月
◇果実の時期　5～6月、褐色に熟す

イロハカエデ　落葉高木。高さ15m径50-60㎝。葉は対生、径4-7㎝。雌雄同株。花は長さ3㎜ほど。果実は長さ1.5㎝ほど。写真：右＝花時（芽吹きの赤い園芸品）、左上＝紅葉時、左下＝果実時

イロハカエデ

以呂波楓／別名イロハモミジ・タカオカエデ（高雄楓）
カエデ科［ムクロジ科］
Acer palmatum

よく赤ちゃんの手のたとえに「もみじのような手」という「もみじ」は本種のことで、日本産のカエデの中で一番葉が小さい。葉は普通7裂し、イロハニホヘトと数えられることによる。別名タカオモミジ（タカオカエデ）は紅葉の名所、京都の高雄山に由来する。京都では紅葉が見事なイロハカエデを好んで庭園に植えた。葉が小さく樹形とのバランスがよく、最後には赤く色づくため、秋を彩る紅葉の代名詞となり楓紅葉からモミジと呼ばれるようになった。いまでも日本庭園の植込みで紅葉する木はイロハカエデが代表だ。都会の公園や庭で見られる園芸種は本種が中心。

◇**分布**　本州（福島以南）〜九州、朝鮮、中国
◇**よく見る場所**　公園・庭園・庭
◇**花の時期**　4〜5月
◇**果実の時期**　7〜9月、褐色に熟す

オオモミジ　落葉高木。高さ10-15m径50-60㎝。葉は対生、径7-12㎝。雌雄同株。花は径5㎜ほど。果実は長さ2-2.5㎝。写真：右＝花時、左上＝果実時、左下＝果実と葉

オオモミジ

大紅葉／別名ヒロハモミジ

カエデ科［ムクロジ科］

Acer palmatum var. *amoenum*

イロハカエデと比べて葉が大きいためオオモミジと呼ばれる。主に太平洋側の山地に自生がある。イロハカエデやヤマモミジの鋸歯(きょし)は不揃いであるが、オオモミジは細かく揃っているので見分けがつく。イロハカエデの変種で多くの園芸品種がある。

モミジとカエデは、別の意味をもった言葉。モミジは黄葉や紅葉の字を当てるように、秋に草木の色が変わることを意味する「もみずる」という動詞が名詞化したものであり、一方、カエデは、万葉集に「蝦手(かへるで)」と歌われていることからもわかるように、葉の形が蛙の手に似ていることからついた名である。

◇分布　北海道～九州
◇よく見る場所　公園・庭園・庭
◇花の時期　4～5月
◇果実の時期　6～9月、褐色に熟す

ヤマモミジ　落葉高木。高さ5-10m径50㎝ほど。葉は対生、径5-10㎝。雌雄同株。花は径5㎜ほど。果実は長さ2-2.5㎝。写真：右上＝花時、右下＝果実と葉、左上＝「舞孔雀」、左下＝「野村」

ヤマモミジ

山紅葉
カエデ科［ムクロジ科］
Acer palmatum var. *matsumurae*

北海道から本州の日本海側の多雪地帯に分布する。葉の形に変異が多く、葉柄には普通溝がある。鋸歯は不揃いで園芸品種も多数つくられている。春から秋まで美しい紅葉が続く「野村」、葉型が絶妙といわれる「舞孔雀」、葉が深く裂け、枝垂れる「手向山」など。日本には野生のカエデ属は20種以上あるが、園芸種はイロハカエデとヤマモミジ、オオモミジの系統が中心で、明治初期には200種を数えた。平安貴族が文献から学んだ中国文化の影響で中国でフウ（マンサク科）に当てていた楓をカエデと解釈したために、同じ漢字で意味する樹木が違う混乱が生じた。

◇分布　北海道・本州（島根以北の主に日本海側）
◇よく見る場所　公園・庭園・庭
◇花の時期　4～5月
◇果実の時期　6～9月、褐色に熟す

イタヤカエデ　落葉高木。高さ15-20m径50-60㎝。葉は対生、径6-14㎝。雌雄同株。花は径7-8㎜。果実は長さ1.5㎝ほど。写真：右上＝果実時、右下＝葉と果実（右の葉は黄葉時）、左上＝花時、左下＝花

イタヤカエデ

板屋楓／別名イタギ・トキワカエデ・アサヒカエデ
カエデ科［ムクロジ科］
Acer mono var. *marmoratum*

葉の縁に鋸歯（きょし）のない大きな葉のカエデで、芽吹きの若葉は赤褐色だが、秋には黄葉する。語源は葉がよく茂り、板屋根のように雨がもらないことによるという説、あるいは材が緻（ち）密（みっ）で重硬なため、昔の石工が石を割る際に石目に沿って打ち込んだ木具の「板矢」をこの材でつくったからという説もある。ホットケーキに添える茶褐色のメープルシロップは、カナダの国旗に描かれているサトウカエデの樹液からつくられるが、青森県でアカイタヤからメープルシロップを採っていた。一本の木で一日2リットル、1シーズンで40〜60リットルの樹液を採取していた記録がある。

◇**分布**　本州〜九州（主に太平洋側）
◇**よく見る場所**　公園・庭園・庭
◇**花の時期**　4〜5月
◇**果実の時期**　9〜10月、褐色に熟す

トウカエデ　落葉高木。高さ10-20m径1mほど。葉は対生、長さ4-8cm幅2-5cm。雌雄同株。花は長さ2mmほど。果実は長さ1.5-2cm。写真：右上＝浜離宮にある古木、右下＝葉、左＝果実期

トウカエデ

唐楓・唐槭
カエデ科［ムクロジ科］
Acer buergerianum

中国東部と台湾に自生がある。中国からは享保年間（一七一六年以降）八代将軍徳川吉宗の時代に渡来した。浜離宮には渡来初期のトウカエデがあり、幹まわり6mを越す大木になっている。乾燥や大気汚染に強いことから街路樹として広く植栽されている。漢名（中国名）は「三角槭」で、槭は中国ではカエデを意味し三角は三裂する葉の形による。植物分類上ではカエデとモミジは区別していないが、盆栽界では区別されていて、イロハモミジなど葉が5つ以上に裂けている掌状のものをモミジと呼び、3裂のものをカエデと呼ぶ。トウモミジとは呼ばれないのである。

◇**由来**　中国・台湾原産
◇**よく見る場所**　公園・街路
◇**花の時期**　4～5月
◇**果実の時期**　6～10月、褐色に熟す

ヌルデ　落葉高木。高さ5-10m。葉は互生、長さ30-60㎝、小葉は9-13個長さ5-12㎝幅2-8㎝。雌雄別株。花穂は長さ20-30㎝。果実は径4㎜ほど。写真：右＝果実期、左上＝花時、左下＝新芽時

ヌルデ

白膠木／別名フシノキ・カツノキ
ウルシ科
Rhus javanica var. *roxburghii*

この木につくヌルデシロアブラムシが葉につくる虫こぶの乾燥品を五倍子(ごばいし)あるいは付子(ふし)といい、タンニンの含有量が50％以上あり、染料として使われる。江戸時代はお歯黒に使った。雌の木にみのる実が熟すと表面に白い粉をふき、舐(な)めると塩辛い。これはリンゴ酸カルシウムによるもので、これが塩麩子(えんふし)であり、塩の代用になる。シオノミ、シオカラノキ、ショッペショッペノキの方言はこの実からきている。別名カツノキと呼ばれるのは、桃の代用として鬼に勝つ木を意味している。幹を傷つけると白い汁が出る。この汁を器具などに塗ったのがヌルデの名の由来である。

◇**分布**　北海道〜沖縄、朝鮮、中国〜ヒマラヤ
◇**よく見る場所**　雑木林
◇**花の時期**　8〜9月
◇**果実の時期**　10〜11月、黄赤色に熟す

ハゼノキ　落葉高木。高さ7-10m。葉は互生、長さ20-30㎝、小葉は9-15個長さ5-12㎝幅2-4㎝。雌雄別株。花穂は長さ5-10㎝。果実は径9-10㎜。写真：右上＝紅葉、右下＝果実、左上＝花時、左下＝新芽時

ハゼノキ

黄櫨・櫨／別名ハゼ・ロウノキ・リュウキュウハゼ

ウルシ科

Rhus succedanea

別名リュウキュウハゼともいい、天正一九（一五九一）年に筑前（福岡県）の貿易商島井宗室や神谷宗湛が種子を中国から伝えたのが始まりとされ、蠟を採るために筑前で栽培が始まった。蠟は木蠟燭（和蠟燭）の原料とされた。その後、九州一円に広まったとされるが、薩摩（鹿児島県）ではそれ以前、室町時代にすでに栽培されていたとの言い伝えがある。薩摩半島の開聞岳山麓に巨木が見られるのは、その頃のものだろうか。古くハジノキ（黄櫨の木）と呼ばれたのはヤマウルシやヤマハゼのことで、この名が渡来したハゼに転化しハゼノキとなったといわれる。

◇**分布**　四国～沖縄、朝鮮、中国、東南アジア
◇**よく見る場所**　庭
◇**花の時期**　5～6月
◇**果実の時期**　9～10月、淡褐色に熟す

シンジュ　落葉高木。高さ10-20m。葉は互生、長さ40-100㎝、小葉は13-25個長さ7-12㎝幅2.5-5㎝。花穂は長さ10-22㎝。果実は径4㎜ほど。写真：右＝樹形、左上＝果実、左下＝葉

シンジュ

神樹／別名ニワウルシ、漢名樗
ニガキ科
Ailanthus altissima

シンジュ（神樹）の名はこの木の英名Tree of Heaven（天国の木）からつけられた。明治初期に中国から渡来した。非常に生長が早く、荒地や崩壊地へ入り込んで生長する。北アメリカのロッキー山脈近く標高2000m付近の道路沿いに野生化して生えていた。果実には長い翼があり、その中央に種があるため、木から離れた実は縦に回転して浮力を得、風によって遠くまで散布される。樹皮を椿白皮といい、赤痢、帯下薬とするが、大量に摂取するとはげしい下痢、頭痛などの副作用があるといわれる。別名ニワウルシは葉がウルシに似て庭などに植えられたことによる。

◇**由来**　中国原産
◇**よく見る場所**　公園・庭園・庭
◇**花の時期**　6〜7月
◇**果実の時期**　9〜10月、褐色に熟す

センダン　落葉高木。高さ7-10m径30-40㎝。葉は互生、長さ30-100㎝、小葉は長さ3-6㎝幅1-2.5㎝。花穂は長さ10-20㎝。果実は径2㎝ほど。写真：右上＝果実時、右下＝葉、左上＝花時、左下＝花

センダン

棟／別名オウチ・アウチ・アミノキ・アラノキ

センダン科

Melia azedarach var. *subtripinnata*

諺に「栴檀（せんだん）は双葉より芳し」というときの栴檀はインド北部に自生または栽培され香木となるビャクダン（白檀）のことであり、ここで取りあげるセンダンは芳しくない。

本種は日本に自生し、四国ではオウチと呼び緑陰樹として校庭に植えている。花が薄紫色で枝いっぱいに咲き美しく、樹形が笠形に広がるので、都会の公園や庭でもよく見かけるようになった。一年草のセンダングサ、アメリカセンダングサは葉の形がセンダンに似ていることから名がつけられている。センダンの実は落葉後によく目立つ。種（たね）には特徴のある稜（りょう）がありスターフルーツを思わせる。

◇**分布**　四国～沖縄・小笠原、中国

◇**よく見る場所**　公園・庭園・庭

◇**花の時期**　5～6月

◇**果実の時期**　10～12月、黄色に熟す

カラスザンショウ　落葉高木。高さ6-8m。葉は互生、長さ25-80㎝、小葉は11-21個で長さ7-15㎝幅1.5-4㎝。花穂は長さ13-20㎝。果実は長さ5㎜ほど。写真：右上＝果実期、右下＝樹皮の刺、左＝黄葉時

カラスザンショウ

烏山椒／別名カラスノサンショウ
ミカン科
Zanthoxylum ailanthoides

暖地の沿海地や山地に生え、崩壊地や造成した斜面、氾濫後の河原などでは先駆的に入り込んで著しく生長する。枝には鋭い刺(とげ)が多く、この刺は枝が太くなるとイボ状になって残る。山に花が少ない盛夏の頃に開花するので、チョウやハチにとっては大切な木である。秋に熟す実は鳥によく食べられ、糞と一緒に種(たね)が散布される。種は黒くて艶があり美しい。葉を日光に透かしてみると葉裏にたくさんの油点があり透けて見える。油点には揮発成分があり独特の香りがある。葉を取るときは刺に注意しよう。カラスザンショウの名はカラスがこの実を食べることによる。

◇**分布**　本州～沖縄、朝鮮、中国、台湾
◇**よく見る場所**　公園
◇**花の時期**　7～8月
◇**果実の時期**　10～11月、褐色に熟す

サンショウ　落葉低木。高さ1.5-3m。葉は互生、長さ5-18㎝、小葉は9-19個で長さ1-5㎝幅0.5-2㎝。花房は長さ1-3㎝。果実は径5㎜ほど。写真：右上＝若い果実、右下＝裂開した果実、左＝花時

サンショウ

山椒／別名ハジカミ
ミカン科
Zanthoxylum piperitum

全国の山地に自生し、芳香のある若葉は俗に「木の芽」といい、「山椒は小粒でピリリと辛い」といわれる種子とともに日本料理には欠かせない香辛料となる。辛い味がするので「山の椒（辛味）」といい、サンショウの名がついた。健胃整腸効果があり、枝は擂り粉木にもする。イヌザンショウによく似るが、枝や葉柄の基部に出る刺がサンショウは対生し、イヌザンショウは互生することで区別できる。古事記に「垣下に植しハジカミ、口ひひく」とある「ハジカミ」は、サンショウの古名で、口ひひくに実をかじったときの感覚がよく出ている。

◇**分布**　北海道～九州、朝鮮
◇**よく見る場所**　公園・庭
◇**花の時期**　4～5月
◇**果実の時期**　10月、赤色に熟す

カラタチ　落葉低木。高さ2-3m。葉は互生、長さ3-5㎝、小葉は3個、長さ1.5-3.5㎝幅0.8-2㎝。花は長さ1.5-2㎝。果実は径3-4㎝。写真：右上＝花時、右下＝葉、左上＝果実、左下＝枝と幼果

カラタチ

枸橘・枳殻／別名キコク
ミカン科
Poncirus trifoliata

古い時代に日本に渡り、暖地では野生化しているものも少なくない。落葉性で耐寒性が強く、東北地方でも見られる。柑橘類の台木にするほか、果実を健胃薬にする。アゲハチョウ類の幼虫にとっては食草となる。枝は葉緑素をもち緑色で稜（りょう）があり、5㎝を超える長く鋭い刺（とげ）ある。この刺を利用し、防犯、動物避けのために生垣や畑のまわりの柵として植えられた。中国から渡ってきたので「唐からのタチバナ」が転じて「カラタチ」になった。ミカンの仲間で日本に自生するのはタチバナ（橘）のみである。北原白秋の『からたちの花』にうたわれている白い花は香りがよい。

◇**由来**　中国原産
◇**よく見る場所**　公園・庭
◇**花の時期**　4～5月、香りがある
◇**果実の時期**　10月、黄色に熟す

ナツミカン　常緑亜高木。高さ4-5m。葉は互生、長さ10㎝幅5㎝ほど。花は径3㎝ほど。果実は径8-10㎝ほど。写真：右上＝果実、右下＝未熟な果実、左＝花時

ナツミカン

夏蜜柑／別名ナツダイダイ・ナツカン
ミカン科
Citrus natsudaidai

ナツミカンは食用ミカンの一種で明治時代に山口県萩市で発見され、全国に広まった。原木は山口県長門市にあり天然記念物に指定され、山口県の県花でもある。ブンタンの血を引く自然交雑種と考えられ、果実は冬を越し翌年の4～5月頃に黄色に熟す。果肉は汁が多く酸味が強い。生食のほか、ジュースやマーマレードにも使われる。最近はより酸味の少ない「甘夏」が主流になっている。また未完熟の若い実はカラタチと同様に健胃薬になる。ナツミカンの酸味は主にクエン酸、酒石酸、ビタミンCなどによるもの。別名「ナツダイダイ」、「ナツカン」ともいう。

◇**由来**　一八世紀初め頃、実生から見出された
◇**よく見る場所**　庭
◇**花の時期**　春、香りがある
◇**果実の時期**　翌年の4～5月、黄色く熟す

ホンコンカポック　常緑低木。高さ2-3m。葉は互生、小葉は7-9個長さ7-12㎝幅2-3㎝。花穂は長さ20-30㎝。果実は径5㎜ほど。写真：右＝葉、左上＝花時、左下＝果実時

カポック

別名ヤドリフカノキ
ウコギ科
Schefflera arboricola

カポックと呼んでいるのは台湾、中国南部に自生するシェフレラ・アルボリコラという観葉植物で、なかでもその一品種であるホンコンカポックが多い。主に鉢に植え室内で観賞されるが、とても丈夫で耐寒性もあるため、庭や街路樹の脇に植えているのを見ることもある。株が成熟すると先端に花が咲き実がなる。光沢のある濃緑色の厚い葉は水に挿しておくだけで根を出す。葉に斑の入る品種や大きくならないタイプもある。英名はアンブレラツリー。パンヤ科のパンヤノキもカポックと呼ぶが、都会で目にするのはホンコンカポックの仲間である。

◇**由来**　台湾・中国原産
◇**よく見る場所**　庭・鉢植え
◇**花の時期**　冬季、香りがある
◇**果実の時期**　夏〜秋、黄色から赤紫色に熟す

カクレミノ　常緑亜高木。高さ3-8m径40㎝ほど。葉は互生、長さ7-12㎝幅3-8㎝。雌雄同株。花は長さ2㎜ほど。果実は長さ1㎝ほど。写真：右上＝果実、右下＝葉、左＝花と若い果実

カクレミノ

隠蓑／別名ミツナガシワ・ミツデ・ミゾブタ
ウコギ科
Dendropanax trifidus

三裂した葉の形が、おとぎ話に出てくる身につけると姿を隠すことができる「かくれみの」に似ているとして名前がついた。葉には5裂するものや成木では切れ込みのないものもある。古来より神聖視してきた樹木の一つで、古事記や日本書紀にある宮中で食器として使った「三角柏（みつのがしわ）」ではないかという説がある。夏から秋、樹皮に傷をつけて白い液を採って黄漆をつくり家具の塗料にした。漆が高級品だった時代、庶民はこれを代用品にした。花には香りがあり虫が集まる。黒く熟した実はヒヨドリが好んで食べ散布するため関東より西の地域では思わぬ所から発芽する。

◇**分布**　本州（関東以西）～沖縄、朝鮮、中国
◇**よく見る場所**　庭・街路
◇**花の時期**　7～8月、香りがある
◇**果実の時期**　10～11月、紫黒色に熟す

ヤツデ　常緑低木。高さ1-3m。葉は互生、径20-40㎝。花は径5㎜ほど。果実は径4-5㎜。写真：右＝花時、左上＝花、左下＝果実時

ヤツデ

八手／別名テングノハウチワ・ヤツデノキ
ウコギ科
Fatsia japonica

ずば抜けて大きな葉からテングノハウチワと呼ばれ、疫病流行のときにこれで追い払ったり、屋敷内に植えれば魔除けになるなどの迷信が生まれてきた。江戸時代中期にオランダ医として来日し、プラントハンターとしても活躍したツンベルクが当時のヨーロッパの学会にヤツデを紹介し、これをきっかけにヨーロッパでヤツデの栽培が盛んになった。初冬に咲く花は初め雄性期で、2～3日すると中性期となり、数日後、雌性期となる。自家受粉を避けるために性を変える。葉の裂け方は7と9の奇数が圧倒的で足して2で割ってヤツデ。小笠原にはムニンヤツデが分布する。

◇**分布**　本州（茨城以南）～沖縄
◇**よく見る場所**　庭
◇**花の時期**　11～12月、香りがある
◇**果実の時期**　翌年4～5月、赤褐色～紫黒色に熟す

キヅタ　常緑つる性木本。つるは径6㎝以上。葉は互生、長さ3-7㎝幅2-4㎝。花房は径2.5-3㎝。果実は径6-7㎜。写真：右上＝花時、右下＝果実時、左＝若い果実期

キヅタ

木蔦／別名フユヅタ・イツマデグサ
ウコギ科
Hedera rhombea

唱歌『もみじ』に「カエデやツタは・・・」とうたわれるのはキヅタではなく、冬に落葉するナツヅタ（ブドウ科）やツタウルシ（ウルシ科）である。キヅタは別名フユヅタといい常緑つる性木本。各地の山地で普通に見かけ、つるや枝から気根を出して、樹木や岩などを這(は)いのぼる。花のつく枝の葉は切れ込みがなく、花のつかない枝の葉は3～5裂して形が異なる。アイビーの名で知られるセイヨウキヅタは同じ仲間だが、ヨーロッパ原産の観葉植物で園芸品種も多い。セイヨウキヅタは気根を出さない。キヅタは乾燥した葉を煎じて服用すると発汗を促すという。

◇**分布**　本州～沖縄、朝鮮
◇**よく見る場所**　庭
◇**花の時期**　10～12月、香りがある
◇**果実の時期**　翌年5～6月、紫黒色に熟す

タラノキ　落葉亜高木。高さ2-6m。葉は互生、長さ50-100㎝、小葉は長さ5-10㎝幅3-7㎝。花房は長さ30-50㎝。果実は径3㎜ほど。写真：右上＝花時、右下＝花、左上＝芽吹き時、左下＝果実

タラノキ

楤木／別名ウドモドキ・マンシュウダラ・オニダラ
ウコギ科
Aralia elata

新芽の美味が知れわたり、見つかるとすぐに採られてしまうのは「春の山菜の王者」たる宿命であろうか。山野に自生し、森林の伐採や山火事跡、崖崩れ跡地など開けた場所にいち早く芽吹く。日当りのいい場所が好きな典型的な陽樹である。そのためか容易に見つけられ、芽が出るたびに摘まれ、枯死する株が多くなっている。最近は畑で栽培もしている。別名タランボ、タラノメ。韓国でもタラノメは盛んに賞味され、名前は古い朝鮮語の「トゥルプ」から転訛したという。普通は幹や葉には刺（とげ）があるが、ほとんどないものもありメダラという。根は煎じて胃腸薬にする。

◇分布　北海道〜九州、樺太、朝鮮〜東シベリア
◇よく見る場所　雑木林
◇花の時期　8〜9月
◇果実の時期　9〜10月、黒色に熟す

キョウチクトウ　常緑亜高木。高さ5mほど。葉は輪生、長さ6-20㎝幅1-2㎝。花は径4-5㎝。果実は長さ10-14㎝。写真：右上＝白花、右下＝紅花、左＝花時（八重咲き）

キョウチクトウ

夾竹桃
キョウチクトウ科
Nerium indicum

煤煙や排ガスに強く、高速道路の路側帯などの植栽に利用される。環境を選ばない生命力は乾燥、洪水、猛暑、寒風にさらされる故郷のインド北部で培われた。名前は中国名に由来し、葉が竹に似て細く花がモモの花に似ていることによる。全草にオレアンドリンという毒をもち、この毒による事故も知られている。ある例では、庭のキョウチクトウを剪定してゴミに出しやすい長さに切り、乾かすために広げていたところ、次の日猫が死んだ。庭で遊んでいて毛についた樹液を舐めたためだ。よく毛繕いをする猫だった。口に入れると死にいたる毒なので気をつけたい。

◇**由来**　インド原産
◇**よく見る場所**　庭・街路
◇**花の時期**　6～9月
◇**果実の時期**　10月、ほとんど実らない

テイカカズラ　常緑つる性木本。つるは径8cmほど。葉は対生、長さ3-7cm幅1.5-2.5cm。花は径2cmほど。果実は長さ15-25cm。写真：右＝テイカカズラの生垣、左上＝花、左下＝果実時

テイカカズラ

定家葛／別名マサキカズラ・チョウジカズラ
キョウチクトウ科
Trachelospermum asiaticum

謡曲『定家』では、僧が時雨に遭い、しばらく休んでいると女が現れて墓所へと導く。行くと蔦葛で覆い隠された墓石があった。「これは式子内親王の墓にて候、またこの葛は定家葛と申し候」と教える。この女こそ式子内親王その人の霊で、生前契りを交わした定家が彼女に執心のあまり葛となって墓にまとわりつき離れないので、妄執が晴れるよう弔ってほしいと頼む。僧の心のこもった読経の甲斐あって、ようやく墓から葛が解けたという。これがテイカカズラの名の由来。成木ではつるの太さが8cmにもなり、うっそうと茂る。花は芳香を放ち蛾が受粉に一役かう。

◇**分布**　本州～九州、朝鮮
◇**よく見る場所**　庭
◇**花の時期**　5～6月、香りがある
◇**果実の時期**　10～翌年1月、褐色に熟す

クサギ　落葉亜高木。高さ4-8m。葉は対生、長さ8-15cm幅5-10cm。花は径2-2.5cm。果実は径6-7mm。

写真：右上＝花、右下＝果実時、左＝花時

クサギ

臭木

クマツヅラ科［シソ科］

Clerodendrum trichotomum

葉に特有の匂いがあることからこの名がついた。春に出る若葉を摘み、茹でてアク抜きし、お浸しとして食べられ、精進料理にも出される。花は甘く香り、白い花冠と赤い萼（がく）のツートンカラーが美しい。蝶の蜜源植物となっているようで、頻繁にアゲハチョウ類が蜜を吸いにくる。果実が黒紫色に熟すのとあわせて、5枚の萼も赤みを増して目立ち、遠目で見ると花が咲いているように見える。この丸い実は染色に利用でき、唯一、無媒染で水色に染まる。萼も同じく染色に利用でき、こちらは鼠色である。花びらが赤く萼が白いゲンペイクサギは南アフリカ原産の園芸種。

◇**分布**　北海道～沖縄、朝鮮、中国

◇**よく見る場所**　庭

◇**花の時期**　7～9月、香りがある

◇**果実の時期**　10～11月、藍色～黒色に熟す

ムラサキシキブ　落葉低木。高さ2-3m。葉は対生、長さ5-10㎝幅2-5㎝。花は長さ3-5㎜。果実は径3㎜ほど。写真：右＝果実時、左上＝花、左下＝果実

ムラサキシキブ

紫式部
クマツヅラ科［シソ科］
Callicarpa japonica

江戸時代初期までは実むらさき、玉むらさき、山むらさきといい、その語源は紫の実が敷きつめられた「紫敷き実」であったようだ。似た種にヤブムラサキとコムラサキが自生する。葉を手で触ってビロードのような感触のあるものがヤブムラサキで、葉の裏に毛がびっしりと生えている。これに比べムラサキシキブではずっと毛が少なくざらついた手触りとなる。コムフサキは葉が他に比べて小さい。ムラサキシキブは実をまばらにつけ果実時には萼片(がくへん)はないが、ヤブムラサキは実の下半分は萼片に覆われる。果実は熟すと甘くなるが食べられる部分はきわめて少ない。

◇**分布**　本州（宮城以南）～九州、朝鮮
◇**よく見る場所**　庭園・庭
◇**花の時期**　6～7月
◇**果実の時期**　10～11月、紫色に熟す

コムラサキ　落葉低木。高さ2mほど。葉は対生、長さ3-7㎝幅1.5-3㎝。花は長さ3㎜ほど。果実は径3㎜ほど。写真：右上＝花時、左＝果実時、右下＝ヤブムラサキの果実

コムラサキ

小紫／別名コシキブ・コムラサキシキブ
クマツヅラ科［シソ科］
Callicarpa dichotoma

コムラサキは自家受粉により結実できるので実つきがたいへんよく、一般に市販されているものはほとんどこれである。近縁種にムラサキシキブ、ヤブムラサキがあるが、本種に比べて実のつき方がまばらで、実が葉に隠れてしまう部分もあり、観賞価値はやや劣る。コムラサキの場合、実はすべて葉の上側につき、葉に隠れない。ムラサキシキブに比べて樹形がひとまわり小さく枝が張らないのは、都会の狭い庭にはありがたい。枝が丸みを帯びずに角張った稜(りょう)があるのも本種の特徴である。蝶のコムラサキも国蝶のオオムラサキに対しひとまわり小さいので名づけられた。

◇**分布**　本州～沖縄、朝鮮、中国
◇**よく見る場所**　庭園・庭
◇**花の時期**　7～8月
◇**果実の時期**　10～11月、紫色に熟す

ヒトツバタゴ　落葉高木。高さ30m径70㎝ほど。葉は対生、長さ4-10㎝幅2-5㎝。花穂は長さ7-12㎝。果実は径1㎝ほど。写真：右＝花時、左上＝花、左下＝果実時

ヒトツバタゴ

別名ナンジャモンジャ
モクセイ科
Chionanthus retusus

日本では長野、愛知、岐阜の一部と対馬にだけ自生するめずらしい木の一つ。江戸時代は樹木の移動は一苦労。国元の愛知から苗木を運び青山六道辻（神宮外苑のあたり）に植えたヒトツバタゴは大木になり「六道木」と呼ばれていたが、本当の名前がわからず「ナンジャモンジャ」と呼ばれていた。ただ、「ナンジャモンジャ」はヒトツバタゴだけを呼ぶわけではなく、千葉ではクスノキ、神奈川ではハルニレをさす。ヒトツバタゴの「タゴ」はトネリコの材を表すタモから変化し、トネリコが複葉のため単葉（一つ葉）のトネリコの意味でヒトツバタゴになった。

◇**分布**　本州の一部・対馬、朝鮮、中国、台湾
◇**よく見る場所**　公園
◇**花の時期**　5～6月
◇**果実の時期**　9～10月、黒色に熟す

オリーブ　常緑高木。高さ7-10mほど。葉は対生、長さ4-8cm幅1cmほど。花は径3mmほど。果実は長さ1.5-4cm。写真：右＝果実、左＝花時

オリーブ

Olive
モクセイ科
Olea europaea

オリンピック発祥の地ギリシアではゲッケイジュでなくオリーブの枝葉で冠をつくり勝者の栄誉を称える。月桂冠ならぬオリーブ冠。ノアの箱舟のハトとオリーブの伝説から平和のシンボルとして国連旗やコインに枝葉の模様が使われている。オリーブオイルやピクルスは紀元前三〇〇〇年の昔から知られ、クレタ島には樹齢一〇〇〇年を超す古木がある。

日本では明治初期から栽培が始まり地中海性気候に近い瀬戸内海の小豆島が産地になったが、現在は観光用が中心で製品は輸入されている。乾燥に強く育てやすいので都会の植込みや観賞植物として目につくようになった。

◇**由来**　北アフリカ原産の種などから育成された
◇**よく見る場所**　公園・庭
◇**花の時期**　5～6月、香りがある
◇**果実の時期**　10～11月、黒紫色に熟す

アオダモ　落葉高木。高さ10m径30㎝ほど。葉は対生、長さ10-20㎝、小葉は3-7個長さ4-10㎝幅1.5-3.5㎝。花は長さ6-7㎜。果実は長さ2-3㎝。写真：上＝花時、右下＝花、左下＝果実

アオダモ

別名コバノトネリコ・アオダコ
モクセイ科
Fraxinus lanuginosa f. *serrata*

山地に生えるアラゲアオダモの品種で、アラゲアオダモは若枝、冬芽、葉柄、花序などに粗い毛があるのに対し、アオダモは全体にほとんど毛がない。平地や山地のやや湿ったところに多い。建築材、公園樹、薪炭材に使われるが、野球のバット、テニスラケット、スキーの板などのスポーツ用具の材料としても使われ、特に現在ではバット材に特化している感がある。秋に成熟する果実には翼（よく）があり風に飛ばされて広く散布される。アオダモの名は枝を切って水につけると水が青くなることからつけられ、アイヌの人は入墨を入れるとき、この青い水を消毒薬に使っていた。

◇**分布**　北海道〜九州
◇**よく見る場所**　公園
◇**花の時期**　初夏、香りがある
◇**果実の時期**　8〜9月、緑褐色に熟す

ライラック　落葉亜高木。高さ4-8m。葉は対生、長さ4-10㎝幅2.5-6㎝。花穂は長さ10-20㎝。果実は長さ1-1.5㎝。写真：右上＝八重咲きの品種、右下＝イボタノキの花、左＝ライラックの花時

ライラック

Lilac／別名ムラサキハシドイ
モクセイ科
Syringa vulgaris

ヨーロッパに自生があり、多くの園芸品種がつくられている。日本には明治中頃に渡来し、北海道を中心に植えられた。都会では公園や街路、庭などに植えられている。香りがよい花の代表の一つと思われているが、園芸品種には香りの弱いものが多い。寒い地方の植物のために、東京以西では育ちが悪い。園芸品種はイボタノキを台木にしているので暖かい地方ではライラックが枯れて、下から伸びたイボタノキに代わっていることが多い。日本には同じ仲間のハシドイとマンシュウハシドイが自生している。ライラックは和名をムラサキハシドイという。

◇**由来**　ヨーロッパ南東部～小アジア原産
◇**よく見る場所**　公園・庭・街路
◇**花の時期**　5～6月、香りがある
◇**果実の時期**　10月、灰褐色に熟す

ネズミモチ　常緑亜高木。高さ2-5m径10-30㎝。葉は対生、長さ4-10㎝幅2-5㎝。花は長さ5-6㎜。果実は長さ8-10㎜。写真：右上＝花時、右下＝花、左上＝果実時、左下＝葉（上は裏、下は表）

ネズミモチ

鼠黐／別名タマツバキ・テラツバキ
モクセイ科
Ligustrum japonicum

ネズミモチの名は果実がネズミの糞に似ていることと葉がモチノキに似ていることからついた。名前からはモチノキの仲間と思われがちだがモクセイの仲間。6月頃に咲く白い花には強い香りがあり、実が黒紫色に熟すことも赤い実をつけるモチノキの仲間とは違う。平安時代中頃にできた字典『和名抄（倭名類聚鈔）』に果実を薬用にするという記述があり、強心、利尿、強壮に効果があり、特に内臓の諸器官を丈夫にするという。鹿児島には「田の神、農耕の神」の大黒様にこの木を奉納する風習があり、大黒様の木の意味で「デコッサーノキ」と呼ばれ親しまれている。

◇分布　本州～沖縄、朝鮮、中国、台湾
◇よく見る場所　庭・街路
◇花の時期　6月、香りがある
◇果実の時期　11月、黒紫色に熟す

トウネズミモチ　常緑高木。高さ10-15m径3-10㎝。葉は対生、長さ6-12㎝幅3-5㎝。花は長さ3-4㎜。果実は径8-10㎜。写真：右上＝果実時、右下＝葉、左＝花時

トウネズミモチ

唐鼠黐
モクセイ科
Ligustrum lucidum

トウネズミモチの名は中国からきたネズミモチの意味。公園や庭、路側帯によく植えられている。葉を光に向けると葉脈が透けて見え、ネズミモチは透けないことで区別できる。ネズミモチより全体に大柄で秋に黒紫色に熟す果実はより球に近くなり、枝が垂れ下がるほど大量につく。野鳥たちは冬も深まってからこの実を食べるようになり、冬越しの大切な食料となっている。鳥たちに食べられることで種が運ばれて散布されるので、都会では思わぬところから芽を出す。漢方では果実を干したものを女貞子と呼び、強壮剤とされる。民間療法では白髪の薬としても知られる。

◇**由来**　中国原産
◇**よく見る場所**　公園・庭・街路
◇**花の時期**　6～7月、香りがある
◇**果実の時期**　10～11月、黒紫色に熟す

ヒイラギ　常緑亜高木。高さ4-8m径30㎝。葉は対生、長さ3-5㎝幅2-4㎝。花は径5㎜ほど。果実は径1.2-1.5㎝。写真：右上＝花、右下＝果実と花、左上＝葉と樹皮、左下＝セイヨウヒイラギの果実時

ヒイラギ

柊・疼木
モクセイ科
Osmanthus heterophyllus

ヒイラギは葉に特徴があり、普通、葉には刺状(とげじょう)の鋭い鋸歯(きょし)が2～5対あるが、老木になると鋸歯がなくなる傾向がある。鋭い刺は動物に食べられないための防衛手段。この鋭い刺が邪気を祓うと考えられ、庭に植えたり家の門戸に小枝を立てる習慣があった。2月の節分にヒイラギの枝とイワシの頭を門戸に飾るのも同じ理由から。クリスマスの飾りに使うホリーはモチノキ科のセイヨウヒイラギやアメリカヒイラギなどであり、赤い実がつく。ヒイラギの名は硬くてギザギザした葉を触ると「ひいらぐ（疼く、ひりひり痛む）」ことから「疼木(ひいらぎ)」となった。

◇**分布**　本州（福島以南）～沖縄、台湾
◇**よく見る場所**　庭
◇**花の時期**　11月、香りがある
◇**果実の時期**　翌年の7月、黒紫色に熟す

キンモクセイ　常緑亜高木。高さ4-8m。葉は対生、長さ7-12㎝幅3-4㎝。花は径5㎜ほど。写真：右上＝ギンモクセイの花、右下＝ウスギモクセイの花、左＝キンモクセイの花時

キンモクセイ

金木犀
モクセイ科
Osmanthus fragrans var. *aurantiacus*

キンモクセイは秋になると街のあちこちから香りを漂わせ存在を主張する。咲いているのは雄花ばかりで実をつける株はない。もし実が成っていれば、それはウスギモクセイだろう。キンモクセイはウスギモクセイの雄株の枝変わりと考えられ、『中国高等植物図鑑』では「木犀」の基本種をギンモクセイ（桂花）、栽培品種の中で淡黄色花をウスギモグイ（銀桂）黄橙色花をキンモクセイ（丹桂）としている。挿し木で簡単に殖やせるために街中で見られるキンモクセイは花が同じ時期に咲き揃う。「木犀」の「犀」は動物の犀(さい)のことで樹皮の皮目(ひもく)が犀の皮に似ていることによる。

◇**由来**　中国原産
◇**よく見る場所**　公園・庭
◇**花の時期**　9～10月、香りがある
◇**果実の時期**　ほとんど実らない

レンギョウ　落葉低木。高さ3mほど。葉は対生、長さ4-8cm幅3-5cm。雌雄別株。花は径2.5cmほど。果実は長さ1.5cmほど。写真：右＝シナレンギョウ花時、左上＝レンギョウ果実、左下＝シナレンギョウ葉

レンギョウ

連翹／別名イタチグサ・レンギョウウツギ
モクセイ科
Forsythia suspensa

レンギョウは中国原産ながら世界中で春を告げる灌木になっている。日本にはヤマトレンギョウとショウドシマレンギョウが自生するが、街中に植えられているのはほとんどが中国原産のシナレンギョウとレンギョウ、朝鮮半島原産のチョウセンレンギョウである。枝を斜めに切ると、レンギョウは枝が中空だが、ほかのものには仕切りが現れる。レンギョウの仲間は雌雄別株で、雄株の花は雌しべが大きく雌株の花は雌しべが大きく実が成る。レンギョウの熟した果実を乾燥させたものを漢方では連翹（れんぎょう）といい、消炎、利尿、排膿、解毒薬として使われる。

◇**由来**　中国原産
◇**よく見る場所**　公園・庭園・庭
◇**花の時期**　3～4月
◇**果実の時期**　10～11月、褐色に熟す

キリ　落葉高木。高さ8-10m径30-40㎝。葉は対生、長さ10-30㎝幅10-20㎝。花は長さ5-6㎝。果実は長さ3-4㎝。写真：右上＝花時、右下＝つぼみ、左＝樹形

キリ

桐／別名ヒトハグサ・ヒトハグワ・ハナギリ
ゴマノハグサ科［キリ科］
Paulownia tomentosa

キリの材は比重0.3以下と日本で最も軽い。キリの道管はほかの樹木に比べて太く、乾燥させると空洞となってより多くの空気を含む。この蓄えられた空気によって、湿度の変化に敏感に反応し温度の変化を内部に伝えないようにする。湿気の多い日本では、この性質を利用して箪笥（たんす）をつくる。湿度が高いときは湿気を吸収して材が膨らみ隙間が閉まり湿気を通さない。逆に空気が乾燥すると隙間が開いて空気を通すようになる。非常に機能的な材である。琴にも加工される。材として使うには製材後14～15カ月の間、屋外において雨風にさらしながらのアク抜きが必要。

◇**由来**　中国中部原産
◇**よく見る場所**　公園・庭園・庭・街路
◇**花の時期**　5～6月
◇**果実の時期**　10月、茶褐色に熟す

キササゲ　落葉高木。高さ10m径70㎝ほど。葉は対生、長さ10-25㎝幅7-20㎝。花は長さ2-3㎝。果実は長さ30-40㎝。写真：右＝花、左＝果実

キササゲ

木大角豆・梓樹・木豇豆
ノウゼンカズラ科
Catalpa ovata

キササゲの名は莢(さや)が下がる様子がマメ科のササゲに似て木に成ることからつけられた。実の中に入っている種(たね)は扁平で両端に長毛がつき、莢がはじけると種は風に乗って飛んでいく。種は発芽率がよく、各地の河畔などに野生化しているのが見られる。キササゲは高木に育ち水気を好むため避雷針代わりに利用され、雷除けの木と信じられて神社・仏閣・屋敷内などに植えられた。

秋、未熟な緑色の実を採って、2～3㎝にきざんで乾燥したものを生薬では梓実(しじつ)と呼び利尿薬として用いる。根皮は梓白皮(しはくひ)といい、解熱、解毒剤とする。

◇**由来**　中国原産
◇**よく見る場所**　公園・庭・神社・寺院
◇**花の時期**　6～7月
◇**果実の時期**　10月、黒褐色に熟す

ノウゼンカズラ　落葉つる性木本。つるは径7㎝ほど。葉は対生、長さ20-30㎝、小葉は5-9個長さ3.5-6.5㎝。花は長さ5-6㎝。果実は長さ10㎝ほど。写真：右＝果実期、左上＝花、左下＝アメリカノウゼンカズラ

ノウゼンカズラ

凌霄花・紫葳／別名ノウゼン・ノウショウ
ノウゼンカズラ科
Campsis glandiflora

ノウゼンカズラは中国中南部に原産し、平安時代に渡来した。幹から吸着根を出して樹木や壁に這(は)いのぼるつる植物。昔は婦人病に効く薬草として栽培されたが、現在ではその目的では利用されていない。花を干したものが漢方で利尿剤として利用されるほかは、観賞用に庭園に植えられている。地面を這(は)うつるから発根するので株は簡単に殖やせる。生長が速く、数年で大きな株になるが、日当たりが悪いと花を咲かせない。最近では全体的に小形で花の色がより濃かったり、黄色だったりするアメリカノウゼンカズラ（北アメリカ東南部原産）がよく植えられている。

◇**由来**　中国原産
◇**よく見る場所**　公園・庭
◇**花の時期**　7～8月
◇**果実の時期**　8～10月、緑褐色に熟す

クチナシ　常緑低木。高さ1-2m。葉は対生ときに3輪生、長さ5-12cm幅2.5-5cm。花は径5-6cm。果実は長さ2cmほど。写真：右＝花時（半八重）、左上＝花、左下＝果実

クチナシ

梔子
アカネ科
Gardenia jasminoides

初夏に甘い香りを放つクチナシは、春のジンチョウゲ、秋のキンモクセイと並び賞される。咲いたばかりの新鮮な花を煮ると粘りが出て、塩または醤油で味つけして食べられる。果実を乾燥させたものを「山梔子（さんしし）」と呼び、飛鳥・天平時代から染料として用いていた。無毒なので、栗、たくあん、チョコレートなどの着色料としても使われている。名前の由来は、秋に実が熟しても口を閉じて種を出さないことから「口無し」といわれている。碁盤の足はこの実をかたどってつくられていて碁を打つ際は無駄口をたたくなとか、助言無用を意味しているのだという。

◇**分布**　本州～沖縄、中国、台湾、インドシナ
◇**よく見る場所**　庭
◇**花の時期**　6～7月、香りがある
◇**果実の時期**　11～12月、黄赤色に熟す

ニワトコ　落葉低木または高木。高さ2-6m。葉は対生、長さ8-30㎝、小葉は3-9対長さ3-10㎝幅1-3.5㎝。花は径3-5㎜。果実は長さ3-4㎜。写真：右上＝蕾時、右下＝葉（上は裏、下は表）、左＝花時

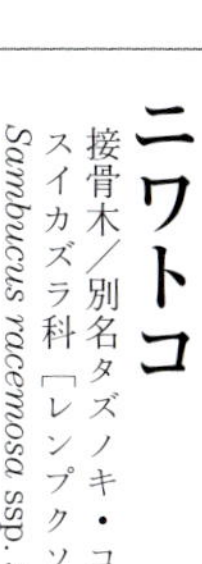

ニワトコ

接骨木／別名タズノキ・コモウツギ・キタズ
スイカズラ科［レンプクソウ科］
Sambucus racemosa ssp. *sieboldiana*

ニワトコの葉は揉めば独特の臭気を放つ。茎の中心に太い髄があり、この髄を取り出して乾燥させたものを、顕微鏡の観察に使うプレパラートづくりでは材料を挟むピスとして使う。

接骨木と呼ぶのは、この枝を黒焼きにして小麦粉と食酢を加えて練ったものを骨接ぎの湿布薬として使用したことによる。多年草のソクズ（クサニワトコ）は、葉の形といい臭気といいニワトコにそっくりであるが、ソクズは花の脇に黄色い盃状の部位があり、蜜を出しているので区別できる。北海道にはエゾニワトコが多い。

◇**分布**　本州～九州
◇**よく見る場所**　公園・庭・雑木林
◇**花の時期**　3～5月、香りがある
◇**果実の時期**　6～8月、暗赤色に熟す

サンゴジュ　常緑亜高木。高さ5-6m。葉は対生、長さ7-20㎝幅4-8㎝。花穂は長さ5-16㎝、花は径6-8㎜。果実は径7-9㎜。写真：上＝果実時の樹形、右下＝花時、左下＝果実時

サンゴジュ

珊瑚樹／別名ヤブサンゴ・イヌタラヨウ・シマタラヨウ
スイカズラ科［レンプクソウ科］
Viburnum odoratissimum var. *awabuki*

サンゴジュの名は真っ赤に色づく実を珊瑚に見立てたもの。珊瑚は昔から魔除けの効果があると信じられ大切にされてきた。サンゴジュは常緑の葉も落葉するとき真っ赤に紅葉する。肉厚の葉と材に水分が多いため、防火樹として生垣にされるが、都会ではサンゴジュハムシの大発生で生垣の葉は穴だらけになっている。ハムシは卵で越冬した後、春に若芽を食害し、地面に下りて蛹(さなぎ)になる。初夏に成虫となっても葉を食べ、秋に産卵するまで食害を続ける。放置すると葉の展開が追いつかずに枯れる。早めの消毒が望ましい。材は木目が細かく、ろくろ細工に用いられる。

◇**分布**　本州（関東以南）～沖縄
◇**よく見る場所**　公園・庭・街路
◇**花の時期**　6～7月、香りがある
◇**果実の時期**　9～10月、赤色から黒色に熟す

ガマズミ　落葉亜高木。高さ2-5m。葉は対生、長さ5-14㎝幅3-13㎝。花は径5-8㎜。果実は径8㎜ほど。写真：右上＝花時、右下＝花、左＝果実時

ガマズミ

莢蒾／別名ソゾミ・ヨツズミ
スイカズラ科［レンプクソウ科］
Viburnum dilatatum

ガマズミは枝先に白い小花がまとまって咲く。花房は短い枝の先についた2枚の葉の上に出るので白い小花はよく目立つ。花房の上が平らになり、小さな昆虫を呼んで花の集まりの中を自由に移動しながら受粉を進めてもらう作戦だ。実は秋に輝くばかり赤く熟し、赤い時は酸っぱいが、霜に当たると水分がぬけてかなり甘くなる。この熟した赤い実を採取し果実酒をつくると、ピンク色のきれいなお酒ができ、健康薬酒として疲労回復に効くという。千葉県安房ではシモフリ、埼玉県でもシモフリグミなどの呼び名があるので、完熟期の果実は古くから利用していたようだ。

◇**分布**　北海道～九州
◇**よく見る場所**　庭園・庭・雑木林
◇**花の時期**　5月下旬～6月、香りがある
◇**果実の時期**　9～11月、赤色に熟す

ヤブデマリ　落葉亜高木。高さ2-6m。葉は対生、長さ5-12cm幅3.5-7cm。花房は径5-10cm。果実は長さ5-6mm。写真：上＝ヤブデマリの花時、下＝オオデマリの花時

ヤブデマリ

藪手毬／別名ヤマデマリ
スイカズラ科［レンプクソウ科］
Viburnum plicatum var. *tomentosum*

ヤブデマリは、実の成る花のまわりを装飾花で飾り、ガクアジサイと形がよく似ているが、この装飾花は花弁5枚のうち1枚が極端に小さい。同じ時期に花を咲かせるので比べてみよう。アジサイの装飾花は花弁ではなく、萼（がく）が変化したものである。ヤブデマリの花を摘んで日干し後、カビさせないように保存しておき、これを煎じてぬるくなったら皮膚病患部を洗うとよい。ヤブデマリから改良されたオオデマリ（別名テマリバナ）は、花がすべて装飾花となって手毬のように咲く。ヤブデマリは、秋には小さな球状の赤い果実をつけるが、オオデマリは結実しない。

◇**分布**　本州～九州
◇**よく見る場所**　公園・庭園・庭・雑木林
◇**花の時期**　5～6月
◇**果実の時期**　8～10月、赤色から黒色に熟す

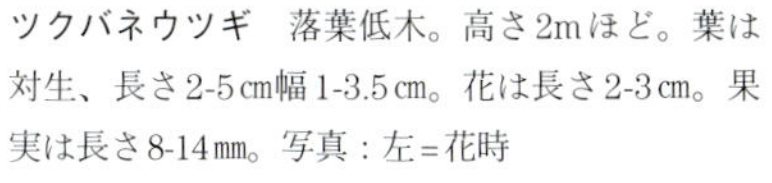

ツクバネウツギ　落葉低木。高さ2mほど。葉は対生、長さ2-5㎝幅1-3.5㎝。花は長さ2-3㎝。果実は長さ8-14㎜。写真：左＝花時

アベリア　半常緑低木。高さ1-2m。葉は対生、長さ2-4㎝。花は長さ2-3㎝。果実はほとんどつかない。写真：右上＝花時、右下＝葉のつき方

ツクバネウツギ

衝羽根空木／別名ウサギカクシ・ツクバネタニウツギ
スイカズラ科
Abelia spathulata

ツクバネウツギのツクバネは、花が咲き終わった後に残る萼片（がくへん）が羽根つきの羽根に見えることによる。羽根つきの羽根は本来トンボの化身で、羽根つきは新年の神聖な行事だった。豊作を祈り稲の病気を媒介するウンカを食べるトンボを飛ばすために羽根をトンボに見立てて飛ばし合った。それが江戸時代に羽子板遊びとして正月の風物詩に変わった。

普通、アベリアと呼んでいるのは中国産の種を交配した雑種でハナゾノツクバネウツギともいう。亜熱帯産の種が片親のために条件が整えばいつでも枝先に花芽をつけ咲き続け、都市緑化に欠かせない木になっている。

◇**分布**　本州（東北以南）～九州
◇**よく見る場所**　庭・街路
◇**花の時期**　4月下旬～6月、香りがある
◇**果実の時期**　9～11月、緑褐色に熟す

タニウツギ　落葉亜高木。高さ2-5m。葉は対生、長さ4-10㎝幅2-6㎝。花は長さ2.5-3.5㎝。果実は長さ2.5-3㎝。写真：右＝花時、左上＝花、左下＝果実

タニウツギ

谷空木／別名ベニウツギ
スイカズラ科
Weigela hortensis

梅雨時に咲くタニウツギの花はピンクから紅色に染まり美しい。地方名が100を超えるほどもあり、地方によっては忌み嫌われ、飾ることも植えることもしない。「枝を折ると雨になる」「持って帰ると火事になる」といわれ、縁起が悪いとされることもある。こんな忌み植物でも飢饉の時には若葉を食用にした。枝を挿しただけで容易に根づく性質から、崩壊地や雪崩跡地の植生回復に用いられる。

最近都会の公園や植込みに改良されたタニウツギが植栽され、目を楽しませてくれる。花は、普通初夏に咲くが、時折秋に返り咲いている個体を見ることがある。

◇**分布**　北海道・本州（東北・北陸・山陰）
◇**よく見る場所**　公園・庭園・庭
◇**花の時期**　5〜6月
◇**果実の時期**　10月、緑褐色に熟す

ハコネウツギ　落葉亜高木。高さ3-4m。葉は対生、長さ8-15㎝幅4-10㎝。花は長さ3-4㎝。果実は長さ2-3㎝。写真：左＝花時

ニシキウツギ　落葉亜高木。高さ2-5m。葉は対生、長さ5-10㎝幅3-6㎝。花は長さ2.5-3.5㎝。果実は長さ2-3㎝。写真：右＝花時

ハコネウツギとニシキウツギ

箱根空木／別名ヤマウツギ、錦空木
スイカズラ科
ハコネウツギ *Weigela coraeensis*、ニシキウツギ *W. decora*

ハコネウツギは海岸に自生する。名前に箱根とあるので箱根に生えていると思っている人が多いが、箱根の山には自生がない。箱根の公園や別荘に見られるのは人が植えたもの。太平洋側の山地には、よく似ているニシキウツギが生える。花はどちらも初め白く、だんだんと紅色に変化するので、一本の木に白や桃色そして紅色と混ざってにぎやかだ。ハコネウツギは葉が大きく葉の表面に光沢がある。これはクチクラ層が発達しているためで潮風対策のコーティングといえる。山地に育つニシキウツギの葉には光沢はない。

◇分布　ハコネウツギ北海道・本州（中部太平洋側）、ニシキウツギ本州（中部）・四国・九州
◇よく見る場所　公園・庭園
◇花の時期　5～6月
◇果実の時期　10月、緑褐色に熟す

スイカズラ　常緑つる性木本。葉は対生、長さ2.5-8㎝幅0.7-4㎝。花は長さ1.4-2.2㎝。果実は径5-7㎜。
写真：右＝花時、左上＝果実、左下＝ツキヌキニンドウ（北アメリカ原産の常緑つる植物）

スイカズラ

忍冬／別名ニンドウ・キンギンカ
スイカズラ科
Lonicera japonica

スイカズラは、管状の花を引き抜き花筒の細い方から吸うと甘い味がすることと、つる性木本（カズラ）であるため「吸い葛（すいかずら）」の名が生まれた。別名の「金銀花（きんぎんか）」は咲き初めが白で次の日に黄色に変色する花からついた生薬名。花には上品な香りがある。また、冬でも葉が枯れず寒さに耐え忍ぶ姿から「忍冬（にんどう）」という。園芸種として改良されたスイカズラはハニーサックルと呼ばれ、観賞用に植えられるが花には香りがない。北アメリカやヨーロッパでは緑化用に導入した野生種のスイカズラが市街地で繁殖し、帰化植物として厄介者扱いされている。

◇**分布**　北海道〜沖縄、朝鮮、中国、台湾
◇**よく見る場所**　空き地
◇**花の時期**　5〜7月、香りがある
◇**果実の時期**　9〜12月、黒色に熟す

ウグイスカグラ　落葉低木。高さ1.5-3m。葉は対生、長さ3-8㎝幅1.5-5.5㎝。花は長さ1-2㎝。果実は長さ1-1.5㎝。写真：右上＝果実、右下＝ヤマウグイスカグラの果実、左＝ウグイスカグラの花時

ウグイスカグラ

鶯神楽／別名ウグイスガクレ・ウグイスカズラ
スイカズラ科
Lonicera gracilipes var. *glabra*

ウグイスカグラは人里近くに普通に生えていたが、山野の開発で減ってしまった。最近、可憐な花と枝ぶりが好まれて、ガーデニング用に苗木が生産され庭木として植えられているのを見かける。カグラの意味は不明だが、若い枝の分岐部に皿のような突起があり落葉期には越冬している虫や卵が見られる。虫食いのウグイスが餌を求めて細い枝を動きまわる様子を神楽を踊る姿にダブらせたのだろうか。6月に熟する実は透明感のある赤い色で、ほのかに甘い。ウグイスカグラはほぼ無毛だが、全体に毛が生えていればヤマウグイスカグラだ。

◇**分布**　本州・四国
◇**よく見る場所**　庭
◇**花の時期**　4〜6月
◇**果実の時期**　6月、赤色に熟す。食べられる

ニオイシュロラン　常緑高木。高さ4-10m径20-30㎝。葉は無柄、長さ60-100㎝幅4-6㎝。花は径1.3-0.8㎝。果実は径6㎜ほど。写真：花時

ニオイシュロラン

匂棕櫚蘭／別名センネンボクラン
リュウゼツラン科［キジカクシ科］
Cordyline australis

ニオイシュロランはニュージーランド原産の常緑樹。5～6月に咲く白い花はとてもよい香りがする。花の時期にはアブやハチが香りに誘われて集まってくる。実生で殖やすが、伏せ取りもできる。病虫害がほとんどないので庭や庭園に植えられる。耐寒性があり関東以西ではよく見かける。センネンボク（千年木）の名で知られている観葉植物のコルディリネと同じ仲間で、リュウケツジュ（竜血樹）やトックリラン（徳利蘭）、園芸店で「幸福の木」（ドラセナの仲間）や「青年の樹」（ユッカの仲間）と呼んでいるものも同じリュウゼツラン科の樹木である。

◇**由来**　ニュージーランド原産
◇**よく見る場所**　公園・庭園
◇**花の時期**　5～6月、香りがある
◇**果実の時期**　秋、淡褐色に熟す

ユッカ（アツバキミガヨラン）　常緑低木。高さ0.5-2.5m。葉は無柄、長さ60-75㎝幅5㎝ほど。花は径7.5-10㎝。写真：右上＝花、右下＝花（正面）、左＝花時

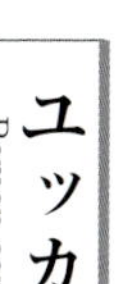

ユッカ

Roman candle・Palm-lily／和名アツバキミガヨラン
リュウゼツラン科［キジカクシ科］
Yucca gloriosa

和名はアツバキミガヨランだが、一般には属名のユッカで知られている。北アメリカ東南部の原産で、明治中期に導入された。株立ちとなり、重なり合った葉の先は鋭い刺（とげ）になる。花茎は1m以上になり大きなスズランのような白い花が6月と11月に咲く。丈夫で年に二度も咲き、花も目立つので庭や公園に植えられる。花は夜に香る。原産地ではこの香りでユッカ蛾という夜行性の蛾を呼び、この蛾が受粉に活躍する。蛾は粘りのある花粉を丸めて雌しべの先端の穴に押し込み卵を産み、かえった幼虫が花粉を運ぶ。日本には蛾がいないのでほとんど結実しない。

◇**由来**　北アメリカ東南部原産
◇**よく見る場所**　公園・庭園
◇**花の時期**　6月と11月、香りがある
◇**果実の時期**　日本ではほとんど実らない

イチョウ　落葉高木。高さ30m径2.5mほど。葉は互生～輪生状、幅5-7㎝。雌雄別株。雄花穂は長さ2㎝ほど、雌花は長さ2-3㎝。果実は径1.5-2㎝。写真：（右頁）右＝樹形、左上＝雌花、左下＝雄花、（左頁）上＝並木、右下＝乳と呼ばれる樹皮の変形、左下＝果実（銀杏）時

イチョウ

銀杏・公孫樹／別名ギンナンノキ・チチノキ
イチョウ科
Ginkgo biloba

恐竜が闊歩していたジュラ紀に最も栄えたグループで、化石から数十種あったことが確認されている。現生種はイチョウ1種だけ。国内に広まったのは、中国に留学した僧が百済観音像とともに持ち帰ったのがきっかけといわれている。明治二九（一八九六）年に東京大学理学部の平瀬作五郎が、受精の際に花粉管から精子が放出されることを発見し、世界の植物学者を驚かせた。今では中国の自生地で生育が確認できないため絶滅種にされている。銀杏（ぎんなん）は炒ったり茹でたりして食べるが、4-メトキシピリドキシンを含み、大量に食べると中毒を起こすので注意したい。

◇**由来**　中国原産
◇**よく見る場所**　公園・街路・校庭・神社・寺院
◇**花の時期**　4～5月
◇**果実の時期**　10～11月、黄橙色に熟す

神宮外苑

クロマツ　常緑高木。高さ40m径2mほど。葉は長さ10-15㎝幅1.5-2㎜。雌雄同株。雄花は長さ1.4-2㎝、球果は長さ4-6㎝。写真：右＝花時（褐色が雄花、紫色が雌花）、左上＝若い球果、左下＝樹皮

クロマツ

黒松／別名オマツ
マツ科
Pinus thunbergii

潮風に強く古くから海岸域の防砂林として植えられてきたため、海岸のクロマツは人の手によって育てられた木が多い。その結果白砂にクロマツの風景（白砂青松）が日本の伝統的な風景になった。葉の先が硬く、触ると痛い。球果が成熟すると、鱗片が開いて翼のある種を風に飛ばす。アカマツに比べて初期生長が速い。材は柔らかいため、マツノマダラカミキリが潜り込みやすくマツ枯れの被害が大きい。マツは古来から神が宿る木として尊ばれ、マツの名も神が降りるのを「待つ」からきたといわれる。正月の門松はその名残。オマツ（雄松）の別名がある。

◇**分布**　本州～沖縄、朝鮮
◇**よく見る場所**　公園・庭園・庭・街路
◇**花の時期**　4～5月
◇**球果の時期**　翌年の秋、褐色に熟す

アカマツ　常緑高木。高さ30m径1.5mほど。葉は束生、長さ7-10㎝幅1㎜ほど。雌雄同株。雄花は長さ4-9㎜ほど。球果は長さ4-5㎝。写真：上＝枝ぶり、右下＝樹皮、左下＝若い球果と新芽

アカマツ

赤松／別名メマツ
マツ科
Pinus densiflora

アカマツは山地の尾根筋など、乾燥した地を好むが、湿地にも自生する陽樹で、ほかの樹木が勢いをもつと排除されてしまう。葉先は比較的柔らかく触っても痛くない。新芽は褐色になる。球果（マツボックリ）は花が咲いた翌年秋に成熟し、松かさを開いて翼のある種を風に飛ばす。樹脂（松脂）からワニスや滑り止め（ロージン）がつくられる。近年はマツ枯れ（マツノマダラカミキリとマツノザイセンチュウの共同作業）のために瀕死の状態の松林が多い。アカマツの名は樹皮や新芽が赤褐色になることから。しなやかな容姿からメマツ（雌松）の別名がある。

◇**分布**　北海道（南部）～九州、朝鮮、中国
◇**よく見る場所**　公園・庭園・庭・街路
◇**花の時期**　4～5月
◇**球果の時期**　翌年の秋、褐色に熟す

ヒマラヤスギ　常緑高木。高さ20-30m径0.8-1m。葉は長さ2.5-5㎝。雄花は長さ3㎝ほど。球果は長さ6-13㎝。写真：右上＝若い球果、右下＝老樹の樹幹、左＝樹形

ヒマラヤスギ

別名ヒマラヤシーダ
マツ科
Cedrus deodara

和名はヒマラヤスギとあり、針葉の鋭さからスギの印象が強かったのかもしれないがマツの仲間である。樹木を知る人がヒマラヤシーダと呼ぶのは英名（Ceder）による。この仲間のうち日本で栽培されているものは3種あり、最も広く植えられているのがヒマラヤシーダであり、大庭園や植物園にはアトラスシーダ（北アフリカのアトラス山脈に分布）やレバノンシーダ（レバノン、シリアに分布）が見られる。自生地では伐採が進み絶滅が危惧されている。ヒマラヤシーダは明治の初めに導入され、新宿御苑で増殖されて全国に植えられるようになった。

◇**由来**　ヒマラヤからアフガニスタンの原産
◇**よく見る場所**　公園・庭園
◇**花の時期**　10～11月
◇**球果の時期**　翌年の10～11月、褐色に熟す

モミ　常緑高木。高さ35-40m径1.5-1.8m。葉は互生、長さ1.5-3㎝幅2-3㎜。雌雄同株。雄花は長さ1㎝ほど。球果は長さ9-13㎝径4-5㎝。写真：左上＝枝ぶり、左下＝ウラジロモミの雄花時

モミ

樅／別名モミソ・トウモミ・モムノキ
マツ科
Abies firma

モミの葉は平たくマツ科なのにマツの葉には似ていない。葉の先は二股に割れ、若い枝には褐色の毛がある。球果が熟してもマツボックリにはならず、鱗片が翼(よく)のある種(たね)と一緒にバラバラに落ちるので芯だけが残る。日本固有種で生長が速く大木になるので、昔から神社では神が天下る際の目印になる「当て木」として植栽された。材は腐りやすいので棺桶や塔婆に使う。モミの名は万葉集の歌にある「臣(おみ)の木」が転じたものという。明治神宮付近の代々木の地名はモミの大木があったことにちなむ。ウラジロモミはモミよりも高地に自生し、葉の裏の気孔帯(きこうたい)がより白い。

◇**分布**　本州〜九州
◇**よく見る場所**　公園・神社
◇**花の時期**　5月
◇**球果の時期**　10月、褐色に熟す

スギ　常緑高木。高さ30-40m径1-2m。葉は互生、長さ4-12㎜。雌雄別株。雄花は長さ5-6㎜。球果は径2-3㎝。写真：右上＝若い球果時、右下＝球果時、左上＝蕾時、左下＝スギの葉（左）とヒノキの葉（右）

スギ

杉・椙／別名イソノキ・マキ
スギ科［ヒノキ科］
Cryptomeria japonica

スギは日本特産種で、有史以前は各地に巨木林があったと考えられている。材は通直で年輪に沿って割れやすく、太い木から板を割り出すことできる。鋸（のこぎり）がない時代でも板に加工できたため登呂遺跡では田の畔（あぜ）を杉板でつくっていた。スギを使えば、桶や曲げ物も軽い器になる。江戸時代、下肥（しもごえ）は肥桶で運搬できた。ヨーロッパは樽しかできなかったので肥は周辺に捨てられていた。木材としてだけでなくスギは日本の文化を支えてきたといえる。花粉症の主犯にするのは責任の転嫁だろう。秋から冬にはアントシアンの生成により葉が赤褐色に染まるが春には緑色に戻る。

◇**分布**　本州～九州
◇**よく見る場所**　公園
◇**花の時期**　3～4月
◇**球果の時期**　10月、褐色に熟す

アケボノスギ　落葉高木。高さ25-30m径1-1.5m。葉は対生、長さ0.8-3㎝幅1-2㎜。雌雄同株。雄花は長さ6㎜ほど。球果は径1.5-2.5㎝。写真：右上＝樹皮、右下＝葉（下）と雄花穂（上）、左上＝紅葉、左下＝葉

アケボノスギ

曙杉／別名メタセコイア
スギ科［ヒノキ科］
Metasequoia glyptostroboides

普通はメタセコイアということが多い。古生物学者の三木茂博士が化石層から見つけてメタセコイアという学名をつけた。太平洋戦争が勃発した昭和一六（一九四一）年夏に中国奥地で生きた個体が発見された。戦後アメリカの学者が種から発芽させ、昭和二六年、植物好きの昭和天皇に苗木が献上された。吹上御所で元気に育つメタセコイアの姿に戦後の復興を重ねた天皇によって「アケボノスギ」と命名された。皇居で一番高い木に育っている。中生代に日本中に生えていた落葉するスギの復活だ。スギ科だとわかりやすいので和名はアケボノスギが好ましい。

◇由来　中国原産
◇よく見る場所　公園・庭園・庭
◇花の時期　2～3月
◇球果の時期　10月、褐色に熟す

ヌマスギ　落葉高木。高さ20-50m径3mほど。葉は互生、長さ1-1.7㎝幅1㎜ほど。雌雄同株。雄花穂は長さ10-12㎝。球果は長さ2-3㎝ほど。写真：右＝若い球果の頃、左上＝樹皮、左下＝気根（新宿御苑）

ヌマスギ

沼杉／別名ラクウショウ・ニレツバスイショウ
スギ科［ヒノキ科］
Taxodium distichum

別名ラクウショウ（落羽松）ともいう。枝ごと落ちる葉はまさに羽毛がひらひら落ちる様に似て、よく形態を表しているが、スギ科なので「松」とつけるのは適切ではない。原産地の北アメリカ、フロリダ半島では湖沼地帯で沼の水の中に生えているので、ヌマスギのほうがその姿を彷彿とさせる。日本では新宿御苑に最初に導入され、現在では幹のまわりに杭のように気根が伸びているのが見られる。水浸しになると根は呼吸困難になるので、根に空気を供給するはたらきをこの気根がしている。呼吸根を伸ばした異様な姿だが、120年以上の大木の生き様を表している。

◇**由来**　北アメリカ南部原産
◇**よく見る場所**　公園・庭園
◇**花の時期**　3～4月
◇**球果の時期**　10～11月、褐色に熟す

コウヤマキ　常緑高木。高さ30-40m径1mほど。葉は互生、長さ6-12㎝幅2-4㎜。雌雄同株。雄花は長さ7㎜ほど。球果は長さ6-12㎝。写真：右上＝雄花、右下＝樹皮、左上＝葉、左下＝球果と種子、葉

コウヤマキ

高野槇／別名マキ・ホンマキ・クサマキ
コウヤマキ科
Sciadopitys verticillata

高野山に多いことからコウヤマキの名がついたとされる。江戸時代の初期、城下町の建設用などに木曽地方では乱伐が進み、山々は荒廃の一途をたどった。これを防ぐため、当時木曽の山を管理していた尾張藩は厳しい保護政策をとり、その時に保護された5種の樹木が「木曽五木」といわれるコウヤマキ、アスナロ、サワラ、ヒノキ、ネズコであった。なかでもコウヤマキは一番耐湿性に優れることから、船や宮殿の柱、木棺に使われた。日本書記に、木の神・スサノオノミコトが抜いた尻毛が槇になったと記されるのはコウヤマキのこと。木材名はホンマキという。

◇**分布**　本州（福島以南）～九州
◇**よく見る場所**　公園・庭園・庭
◇**花の時期**　3～4月
◇**球果の時期**　10月、褐色に熟す

サワラ　常緑高木。高さ30m径0.8-1mほど。葉は十字対生、長さ3㎜ほど。雌雄同株。球果は径5-7㎜。
写真：右＝若い球果の頃、左上＝ヒヨクヒバ、左下＝サワラ（右）とヒノキ（左）の葉裏

サワラ

椹／別名サワラギ
ヒノキ科
Chamaecyparis pisifera

サワラはヒノキによく似た針葉樹だが、葉の裏の白い気孔線（きこうせん）がX字またはH字状に見えることで、Y字状に見えるヒノキと区別できる。またヒノキより葉が少なく、隙間が多い。谷筋などの水分条件に恵まれた場所に多く生える。材はヒノキより劣るが、水湿に強いので、風呂桶や手桶などの器具材、船舶材に使われた。またヒノキのような強い香りがないためご飯のお櫃（ひつ）にも適する。公園や庭園にもよく植えられていて、ヒノキと思うとサワラということも多い。球果は直径6㎜ぐらいでヒノキより小さく、秋に熟して亀甲状に裂け、隙間から種（たね）をこぼす。

◇**分布**　本州・九州
◇**よく見る場所**　公園・庭園
◇**花の時期**　4月
◇**球果の時期**　10月、褐色に熟す

ヒノキ　常緑高木。高さ30-40m径0.9-2m。葉は長さ3㎜ほど。雌雄同株。雄花は長さ2-3㎜。球果は径8-12

写真：右上＝オウゴンクジャクヒバ、右下＝ヒノキ（上）とサワラ（下）の若い球果、左上＝葉、左下＝球果

ヒノキ

檜・檜木
ヒノキ科
Chamaecyparis obtusa

高級材として有名なヒノキは、材木を生産するために全国で植林され人工の純林を形成している。材は揮発性の物質を多く含み香りがよく、害虫やカビがつきにくいため、建築、器具の材料として利用される。尾根筋の比較的乾燥した場所に自生する。葉の裏の白い気孔線がY字状になることが特徴で、見分けるときのよいポイントになる。球果はサッカーボールに似ていて秋に成熟し、亀甲状に裂けて隙間から種をこぼす。種には翼があり風に飛ばされる。ヒノキの名は「火の木」の意味で枝や材がよく燃えることから。オウゴンクジャクヒバなどの園芸品種もある。

◇**分布**　本州（福島以南）～九州
◇**よく見る場所**　公園・庭園
◇**花の時期**　4月
◇**球果の時期**　10月、赤褐色に熟す

コノテガシワ　常緑低木または高木。高さ1-10m。葉は十字対生、長さ1.5-2cm。雌雄同株。雄花は長さ2mmほど。球果は径1-2.5cm。写真：右＝葉の形、左上＝花時、左下＝球果

コノテガシワ

児手柏・側柏／別名ハリギ・フタオモテ
ヒノキ科
Thuja orientalis

立山アルペンルートを旅すると、晴れていれば黒部ダムの放水と虹のすばらしい景観が見られる。黒部の地名はクロベ（ネズコともいう）というヒノキ科の樹木がたくさん生えていることからきている。ヒノキ科クロベ属は世界に6種あり、日本にはクロベのみが自生する。ところが都会では世界の6種のうち2種が植えられている。その一つがコノテガシワ。葉が立ち上がって手で拝むような独特な姿から「児手柏」と呼ばれている。中国西北部原産だが自生地が定かでない。北京には一〇〇〇年を越す古木があるので古くから園芸種として育てていたようだ。

◇**由来**　中国北部原産
◇**よく見る場所**　公園・庭園・生垣・神社・寺院
◇**花の時期**　4月
◇**球果の時期**　9～10月、赤褐色に熟す

ニオイヒバ　常緑高木。高さ15-20m径0.6-1m。葉は十字対生。雌雄同株。球果は径8㎜ほど。写真：右上＝葉の形、右下＝若い球果の頃、左＝裂開した球果

ニオイヒバ

匂檜葉／別名ニオイヒノキ
ヒノキ科
Thuja occidentalis

クロベの仲間で都会に植えられているもう一つの種類が、北アメリカ中北部からカナダまで広く分布するニオイヒバで、都会では庭の植込みやビルのまわりの植栽、プランターやコンテナ植えにも利用されている。葉が黄色味を帯びるヨーロッパゴールド、オレンジ色を帯びるラインゴールドなどいろいろな品種もつくり出されている。ヒノキとの区別は葉を少し取って揉んでみるとよい。甘い柑橘系の香りが手に残る。その香りはさわやかで、気分が滅入っているときなど、何よりの気分転換になる。寒さに強いので寒冷地で植えられているのをよく目にする。

◇**由来**　北アメリカからカナダ原産
◇**よく見る場所**　公園・庭園・庭・植込み
◇**花の時期**　4～5月
◇**球果の時期**　9～10月、褐色に熟す

カイヅカイブキ　常緑高木。高さ5-10m。葉は対生、長さ1.5㎜ほど。雌雄別株。雄花は長さ3-4㎜。球果は径6-8㎜。写真：右＝自然樹形、左上＝葉、左下＝針状葉（上）と鱗片葉（下）

カイヅカイブキ

貝塚伊吹
ヒノキ科
Juniperus chinensis cv. Pyramidalis

イブキ（ビャクシン）の園芸品種で、イブキは本州、四国、九州の太平洋岸の岩場によく見られる。カイヅカイブキもこの性質を受け継いで乾燥、強風に強く、亜硫酸ガスなどの公害にも強いので、庭木や生垣、道路の分離帯などによく植えられている。ナシに被害を出す赤星病を媒介するので、ナシの産地では嫌われる。イブキは幼樹の頃は針状葉でしだいに鱗片状の葉をつけるようになるが、カイヅカイブキは常に鱗片状の葉をつける。ただし強く剪定（せんてい）すると針状葉を出すことがある。生長は遅いが剪定を行わずに自然に育てると火炎状または巻貝状の樹形となる。

◇**由来**　イブキから改良された園芸品種
◇**よく見る場所**　公園・庭園・庭・生垣
◇**花の時期**　4～5月
◇**球果の時期**　翌年の10月、褐色に熟す

イヌマキ　常緑高木。高さ15-20m径50-80㎝。葉は互生、長さ10-20㎝幅7-10㎜。雌雄別株。雄花は長さ3㎝ほど。種子は径8-10㎜。写真：右上＝種子の熟し時、右下＝花時（雄花）

イヌマキ

犬槇／別名マキ・マキノキ・クサマキ
マキ科
Podocarpus macrophyllus

マキの仲間は世界に60～70種、日本にはイヌマキとナギの2種が自生する。南半球起源の樹木で生長が遅くよい樹形を長く保つため、庭園樹としては高級品である。材は緻密(ちみつ)で耐湿性があり、シロアリに強く腐りにくく沖縄では建築材として重用された。生垣に利用する地方もある。秋に成熟する果実は粉青白色。柄の上部（花托(かたく)の部分）が膨らみ暗赤色に熟す。熟した花托はゼリー状で甘味があり食べられる。動物に食べられて種(たね)を散布してもらうためだろう。イヌマキの名はコウヤマキをホンマキと呼ぶのに対し材が劣るためイヌをつけたもの。単にマキノキとも呼ぶ。

◇分布　本州（関東以南）～沖縄、中国、台湾
◇よく見る場所　公園・庭園・庭
◇花の時期　5～6月
◇種子の時期　9～10月、粉青白色に熟す

イチイ　常緑高木。高さ15-20m径1mほど。葉は互生、長さ0.5-2㎝幅2㎜ほど。雌雄別株。種子は長さ5㎜ほど。写真：右＝種子の熟し時、左上＝花時、左下＝葉

イチイ

一位／別名アララギ・オンコ・スオウノキ
イチイ科
Taxus cuspidata

イチイは古名をアララギといい、北海道ではオンコともいう。旧一万円札の肖像で聖徳太子（厩戸皇子）が手に持つ板は笏といい材はイチイといわれている。緻密で強靭な材を使って飛騨高山地方では家具や彫刻のほか、桶や弁当箱などにもつくられている。樹皮の赤い部分は染料として用いられた。雌雄別株で、雌株に実る種は緑色、そのまわりを包む部分が赤く色づく頃に甘くなり食べられるが、種は猛毒のため注意が必要。雪の中で厳しい冬をやり過ごすために樹高が低くなり横に広がるタイプをキャラボクといい、庭園樹として植えられている。

◇**分布**　北海道～九州、アジア東北部～シベリア東部
◇**よく見る場所**　公園・庭園・庭
◇**花の時期**　3～5月
◇**種子の時期**　9～10月、緑色（仮種皮は赤）に熟す

カヤ　常緑高木。高さ25m径2mほど。葉は互生、長さ2cmほど。雌雄別株。雄花は長さ1cmほど。種子は長さ2-3cm。写真：右上＝種子が熟す頃、右下＝葉（上は表、下は裏）、左＝花時（雄花）

カヤ

榧／別名ホンガヤ・カヤノキ
イチイ科
Torreya nucifera

別名ホンガヤともいわれ、別種のイヌガヤと区別する。カヤの葉は先が針状で触ると痛く、上面の中央脈が目立たないのに対し、イヌガヤは中央脈がはっきりし、葉の先に触れても痛くなく葉も大きい。裏面の気孔帯（きこうたい）もカヤでは細いのに対し、イヌガヤは太いなどの違いがある。古くはカヘと呼ばれていたが、後に「榧（ひ）」と書いてカヤと読むようになった。葉を燻して蚊遣りにしたのが語源という説もある。カヤの種（たね）から搾った油は頭髪油や食用油として利用していた。材は碁盤や将棋盤として最高級品。国産のカヤで巨木材に太刀目盛りを施した盤は超高値で取り引きされる。

◇**分布**　本州（宮城以南）〜九州
◇**よく見る場所**　公園・庭園・庭
◇**花の時期**　5月頃
◇**種子の時期**　翌年9〜10月、紫褐色に熟す

シュロ　常緑樹。高さ3-7m径10-15㎝。葉は互生、径50-80㎝、裂片は幅1.5-3㎝。雌雄別株。花房は長さ30-40㎝。種子は長さ1-1.2㎝。写真：右＝花時、左上＝雄花、左下＝果実

シュロ

棕櫚／別名ワジュロ
ヤシ科
Trachycarpus fortunei

除夜の鐘を突く棒は、鐘を傷めないようにシュロを使う。ヤシ科の植物は成長点が上部にあり上に向かって伸びるだけで枝は出さない。幹は肥大せず年輪はできない。幹のくびれは生育環境が悪くなった時期を表わしている。日本ではおなじみの植物だが、中国から古い時代に導入され各地に植栽された。暖地では野生化している。幹を覆う繊維は丈夫で水に濡れても腐りにくく、石油製品のない時代には重要な資源であった。繊維はほうきや縄の材料、葉は細工物といろいろに利用された。幼樹のとき霜に当たると枯れる。温暖化で無霜地域になった都市公園に増えている。

◇**分布**　九州、中国
◇**よく見る場所**　公園・庭園・庭
◇**花の時期**　５～６月、香りはない
◇**種子の時期**　夏、緑黒色に熟す

参考図書

植松　黎『毒草を食べてみた』（文春新書）文藝春秋、二〇〇〇年
薄葉　重『虫こぶ入門』八坂書房、一九九五年（二〇〇七年増補）
大場秀章（編著）『植物分類表』アボック社、二〇〇九年
清水建美（著）・梅林正芳（画）・亘理俊次（写真）『図説植物用語事典』八坂書房、二〇〇〇年
塚本洋太郎総監修『園芸植物大事典』（コンパクト版全2巻）小学館、一九九四年
中尾佐助『花と木の文化史』（岩波新書）岩波書店、一九八六年
G・ハインツ＝モーア（著）／野村太郎・小林頼子監訳『西洋シンボル事典』八坂書房、二〇〇三年
林　弥栄監修『原色樹木圖鑑』北隆館、一九八五年
林　弥栄（編）『日本の樹木』（山溪カラー名鑑）山と溪谷社、一九八五年
林　弥栄（総監修）・畔上能力・菱山忠三郎・西田尚道（監修）『樹木見分けのポイント図鑑』講談社、二〇〇三年
前川文夫『植物の名前の話』（新装版）八坂書房、一九九四年
茂木透（写真）・高橋秀男・勝山輝男ほか（解説）『樹に咲く花　離弁花1・2』（山溪ハンディ図鑑3・4）山と溪谷社、二〇〇〇年
茂木透（写真）・高橋秀男・城山四郎・中川重年ほか（解説）『樹に咲く花　合弁花・単子葉・裸子植物』（山溪ハンディ図鑑5）山と溪谷社、二〇〇一年
吉野正美（解説）・川本武司（写真）『万葉集の植物』偕成社、一九八八年
鷲谷いづみ・埴沙萠『タネはどこからきたか？』山と溪谷社、二〇〇二年

関連書籍のご案内

都会の草花図鑑

秋山久美子著　本体２０００円

自然教室で活躍する草花の専門家がおくる草花図鑑。公園や空き地、庭先や広場などで見かける身近な草花３００種あまりを収録。名前の由来やおもしろい性質、薬効、ちょっと便利な利用法など、知って得する情報満載！

都会の木の実草の実図鑑

石井桃子著　本体２０００円

森林インストラクター・種子収集研究家が贈る果実種子事典。公園や街路樹、庭先や生垣などで見かける身近な植物２００種あまりを収録。種や果実のもつおもしろい性質や薬効、ちょっと便利な利用法など、知って得する情報満載！

都会のキノコ図鑑

大舘一夫・長谷川明監修／都会のキノコ図鑑刊行委員会著　本体２０００円

近郊の公園、街路や生垣などで見かけるキノコ２６７種を収録。思わぬところにひょっこり顔を見せる美味しいきのこ・毒きのこなどなどキノコの素性が分かる、街歩き・自然観察必携図鑑！

花を愉しむ事典

Ｊ・アディソン著／樋口・生田訳　本体２９００円

約３００種の植物について、名前の由来や神話・伝説・民俗から利用法までを記す。さらに、近代詩や文学からの引用、誕生花や花言葉、占星術との関係などポピュラーな情報をも盛り込んだ、植物を愉しむための小事典。

著者紹介

石井誠治（いしい・せいじ）
1951年、東京都世田谷区生まれ。
現在、樹木医・森林インストラクター
身近な自然を楽しく軽妙に語る野外講座が好評で、ＮＨＫ文化センター、読売・日本テレビ文化センター等々、各地の自然教室などで講師として活躍中。著書に『樹木ハカセになろう』（岩波ジュニア新書）、『木を知る・木に学ぶ』（ヤマケイ新書）ほか。
石井樹木医事務所
e-mail forestisii@gmail.com

都会の木の花図鑑 新装版

2006年 5月20日 初版第1刷発行
2016年 2月25日 新装版第1刷発行

著　者　石井誠治
発行者　八坂立人
印刷・製本　モリモト印刷（株）

発行所　（株）八坂書房
〒101-0064 東京都千代田区猿楽町1-4-11
TEL.03-3293-7975 FAX.03-3293-7977

ISBN 978-4-89694-199-9

和名索引

【カ　行】

【サ　行】

【タ　行】

【ナ　行】

【ハ　行】

【マ　行】

【ヤ　行】

【ラ 行・ワ 行】

学名索引